今日から
モノ知り
シリーズ

トコトンやさしい

金属腐食の本

吉村 泰治

金属腐食は金属材料の特徴の1つです。適切に対策を講じなければ、金属製品としての機能を満たさなくなってしまいます。そんなネガティブなイメージが強い金属腐食ですが、見えないところで役立っている場合もあります。

B&Tブックス
日刊工業新聞社

はじめに

紀元前7000年から8000年頃に人類が金属と出会ってから現代に至るまで、金属材料は私たちの生活に欠かせない基盤となる材料になっています。具体的には、街に建つ建造物には鉄鋼材料が、自動車や飛行機には軽量で強度の強いアルミニウム合金やチタン合金が、社会インフラの代表である電力を供給する電線には銅がそれぞれ使用されています。このように、私たちの身の周りには金属材料が溢れかえっています。

金属材料の特徴の1つに、さびをはじめとした金属腐食があります。金属腐食に対するイメージは、一般的にネガティブなものが強いようです。例えば、金属材料にさびが発生してしまうと、見栄えが悪く不衛生に感じたり、さらには金属製品としての機能を満たさなくなる場合もあります。そのため、定期的なメンテナンスの実施や金属腐食が発生しにくい耐食性に優れる金属材料への変更、金属腐食を抑制する防食が施されます。特に、金属材料を長持ちさせる防食は、二酸化炭素排出による地球温暖化や資源の枯渇など、今後の地球環境への対応を進める上でますます重要な技術になっていきます。このようなネガティブな印象の強い金属腐食も、私たちの生活に役立っていることが多くあります。例えば、銅像や神社仏閣の銅葺き屋根などの銅製品に発生する緑青(ろくしょう)と言われる銅のさびは、その色合いから意匠性の役割や銅を金属腐食から守る保護皮膜としての役割を有しています。また、テレビのリモコンや懐中電灯、ポータブルラジオなどの家電製品に電気を供給するマンガン乾電池やアルカリ乾電池も金属腐食によって機能が果たされています。このように、ネガティブな印象の金属腐食は、私たちの身の周りの見えないところで役立っているのです！

本書では、金属腐食に関して「腐食」、「耐食」、「防食」の観点から事例を示しながら、化学式をできるだけ使用せずに平易な内容で分かりやすく解説します。各章の構成は、「金属の特徴(第1章)」、「金属腐食の原理(第2章)」、「金属腐食の発生環境(第3章)」、「金属腐食の種類(第4章)」、「金属材料の耐食性(第5章)」の他に、「金属腐食の抑制(第6章)」、「金属腐食を活かす(第7章)」、「金属腐食を評価・分析(第8章)」、「金属製品を長持ちさせる(第9章)」を追加し、金属腐食を幅広く解説します。特に「金属腐食を活かす(第7章)」では、ネガティブな印象の強い金属腐食が役立つ分野を10の事例で紹介し、金属腐食に対する意外性を紹介しました。また「金属製品を長持ちさせる(第9章)」では、最近求められているSGDs、持続可能な社会実現に向けた金属製品の長寿命化に関して、最新の「腐食」、「耐食」、「防食」に関するトピックスを紹介します。また、各章末のコラムは、従来までの金属腐食の書籍であまり挙げられていない新規な内容になるように心がけました。本書の対象読者は、初めて金属腐食について学ぼうと考えている方を対象としており、具体的には、高専および理工系大学を目指す高校生や理工系大学生、金属を取り扱う素材・加工メーカー技術者や商社担当者、さらには、金属をはじめとする材料科学に興味を持っている一般の方です。

最後に、本書の発刊にあたり、日刊工業新聞社の書籍編集部のみなさまには大変お世話になりました。ここに深く感謝申し上げます。

2022年11月

吉村　泰治

トコトンやさしい

金属腐食の本

目次

目次 CONTENTS

第1章 金属の特徴

第2章 金属はどうして腐食する？

第3章 金属腐食はどこで発生する？

第4章 金属腐食の種類は？

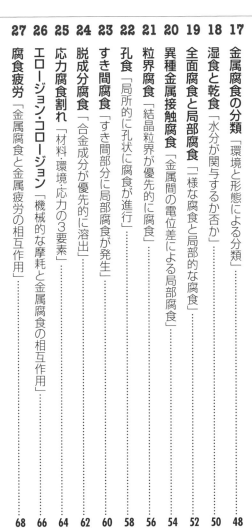

第5章 金属材料の耐食性は？

第6章 金属腐食を抑制する

第7章 金属腐食を活かす

第8章 金属腐食を評価・分析する

第9章
金属製品を長持ちさせる

第1章 金属の特徴

1 社会を支える身近な工業材料

人類と材料との関わりは古く、人類の進化は道具に使用する材料の進歩と言っても過言ではありません。紀元前7000から8000年頃の新石器時代では、石や動物の骨を鋭利な矢じりに加工し、動物の狩りや日常生活に用いていました。その頃に、人類は金や銅などの金属と出会ったようです。最初は、金属が光り輝くことから、金属を宝石として扱ったようですが、これらの金属が延性を有していることを知り、石などで叩いたり伸ばしたりして様々な形状に形作るようになりました。いわゆる、これが現代の鍛造です。その後、金属を溶かして固める溶解・鋳造、銅と錫からなる青銅のように金属同士を混ぜて強度のある合金を得るようになりました。

現代社会において、材料を加工して生活に必要な物を造る産業のことを工業、その工業で使用する材料を工業材料とそれぞれ呼びます。工業材料は、私たちの身の周りで使用されており、社会を支える材料と言えます。

工業材料の種類は、金属材料、樹脂材料、セラミックス材料およびこれらの複合材料に分類されます。金属材料、樹脂材料、セラミックス材料、複合材料のそれぞれの特性は異なり、それぞれの特徴を活かして最適な工業材料が選択されて、使用されています。

金属材料、樹脂材料、セラミックス材料、複合材料のそれぞれの特徴は次のとおりです。金属材料の特徴は金属光沢、強度、延性、熱や電気の伝導性、樹脂材料の特徴は軽量性、耐食性、成形性、非伝導性、セラミックス材料の特徴は強度、軽量性、耐熱性、耐食性、非伝導性になります。複合材料は、金属材料、樹脂材料、セラミックス材料を2種以上組み合わせて、単独では得られない特性を発揮し得るように材料設計した工業材料です。

要点BOX

- ●人類の進化は道具に使用する材料の進歩
- ●工業とは材料を加工して物を造る産業
- ●工業材料とは工業で使用する材料

金属の進化

時代	年代	金属の進化	加工の進化
新石器時代	前 8000	人類の金属（金・銅）との出会い	
	前 5000	自然銅を叩いて作られた銅器	鍛造
	前 4000	銅鉱石から金属銅へ 金を溶解して固める	溶解 鋳造
青銅器時代	前 3000	銅から青銅へ 青銅の武器・装飾品	合金

工業材料の種類

工業材料

- 金属材料
- 樹脂材料
- セラミックス材料
- 複合材料

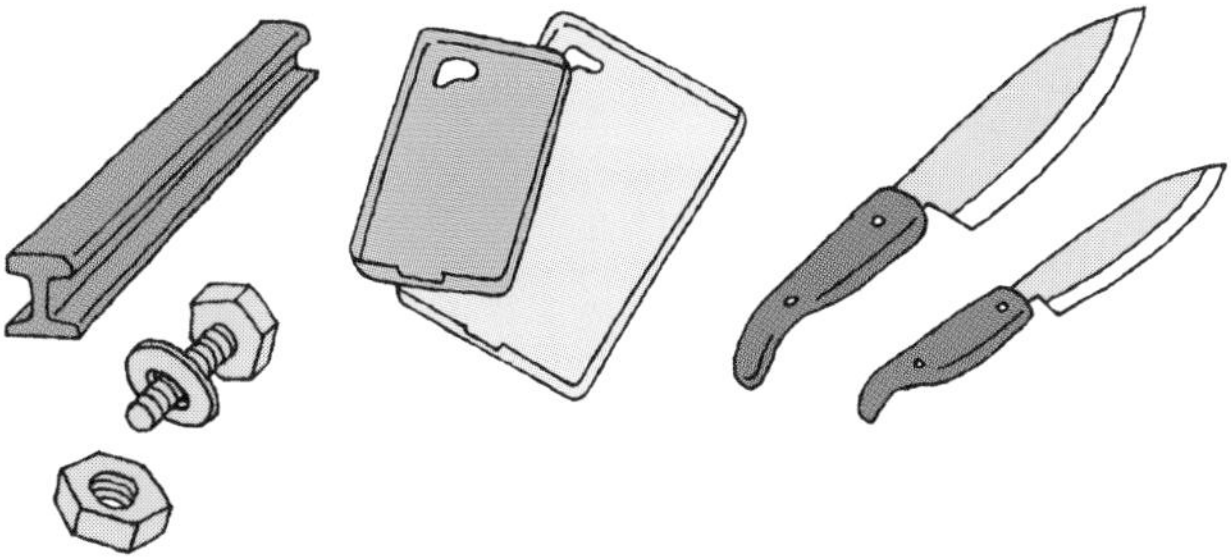

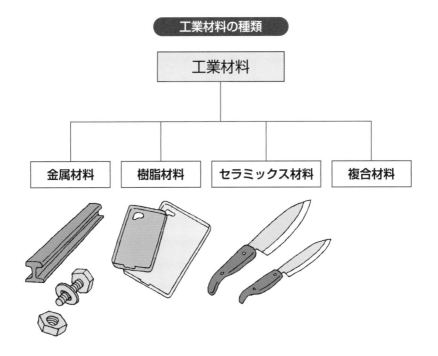

2 金属の種類と分類

鉄／非鉄金属、密度、生産・消費量

工業材料の1つである金属材料は、様々な種類があり、それぞれ次のように分類することができます。具体的には、金属材料を鉄とそれ以外で分類する鉄／非鉄金属、密度が4～5g／㎤の前後で分類する軽金属／重金属、生産量や消費量で分類するコモンメタル／レアメタル、金・銀などの化学的に安定で希少な貴金属などがあります。

鉄は最も多く生産されて使用されている金属材料で、あらゆる分野の基盤となっている金属材料です。一方、非鉄金属は鉄以外の金属材料の全てを対象としており、鉄が有していない様々な優れた特徴を持っています。

密度が4～5g／㎤の以下の金属材料を軽金属と呼びます。具体的な軽金属として、アルミニウム、マグネシウム、チタンがあります。それぞれの金属およびその合金は、構造体の軽量化を図る場合に重要な金属材料となります。一方、密度が4～5g／㎤より高い重金属としては、一般的に鉛や水銀などの人体に有害性のある金属材料を指すことが多いように思われますが、実は、重金属として金、銀、銅、鉄、鉛など様々な金属が該当します。

多く生産・消費される鉄、銅、アルミニウム、鉛、亜鉛、錫の6種類の非鉄金属をコモンメタル、もしくはベースメタルと呼びます。コモンメタルに対して、非鉄金属の中で生産・消費量の少ない元素をレアメタルと呼び、日本では47種類の非鉄金属が該当します。レアメタルは、現代の産業を支える重要な金属材料なので、産業のビタミンと表現されます。海外ではマイナーメタルとも呼ばれています。

化学的に安定で希少な非鉄金属は貴金属とされ、金、銀、プラチナ、パラジウム、ルテニウム、ロジウム、イリジウム、オスミウムの8種類の非鉄金属が該当します。

要点BOX

- ●鉄とそれ以外の分類
- ●密度が4～5g/cm^3の前後の分類
- ●生産量や消費量の分類

金属の種類

金属材料

鉄
鉄

非鉄金属
鉄以外

重金属
金、銀、銅、鉄、鉛
など

軽金属
アルミニウム、
マグネシウム、チタン

コモンメタル
鉄、銅、アルミニウム
鉛、亜鉛、錫

レアメタル
47元素

貴金属
金、銀、プラチナ、
パラジウム、ルテニウム、
ロジウム、イリジウム、
オスニウム

3 金属の優れた特徴

樹脂やセラミックスが有しない特徴

工業材料の1つである金属材料は、樹脂材料やセラミックス材料にはない、優れた特徴を有しています。具体的には、金属光沢を有すること、強度と延性を有すること、熱や電気を伝えやすいことが挙げられます。

金属材料は、樹脂材料やセラミックス材料とは異なる、光り輝く特有の金属光沢を有しています。また、金と銅はそれぞれ黄金色と赤銅色の有色の金属光沢を、その他の金属材料は銀白色の金属光沢を呈しています。金属材料は、光り輝く特有の金属光沢を有していますので、古くから宝飾品に使用されてきました。特に、さびずに輝きを保つ金は、富と権力を象徴する金属材料とされていました。

金属材料が、強度と延性を有していることも樹脂材料やセラミックス材料と異なる点です。金属に力を加えて、形状が元の形に戻らない状態まで変形させることを塑性変形、この塑性変形を利用した金属加工を塑性加工とそれぞれ呼びます。具体的な塑性加工方法として、圧延や鍛造、押出などが挙げられます。金属材料は塑性加工によって様々な形状に形作ることができますので、道具や物を形作る構造材料に使用されています。また、金属材料に塑性加工を施すと強さが増します。この現象を加工硬化と呼びます。

金属材料が熱や電気を伝えやすいことも金属の特徴の1つです。金属の熱と電気の伝えやすさのことを、それぞれ熱伝導性、導電性と呼びます。金属の高い熱伝導性と導電性を利用して、金属材料は熱交換器部品や、電気機器の配線や配電ケーブルなどの導電部材に使用されています。特殊な用途を除いて、熱交換器部品や導電部材には汎用性の観点から銅が使用されています。また、昨今の銅地金価格高騰の背景から、熱交換器部品や導電部材へ銅より安価なアルミニウムの適用も進み始めています。

要点BOX
- ●金属光沢を有する
- ●強度と延性がある
- ●熱や電気を伝えやすい

金属の特徴

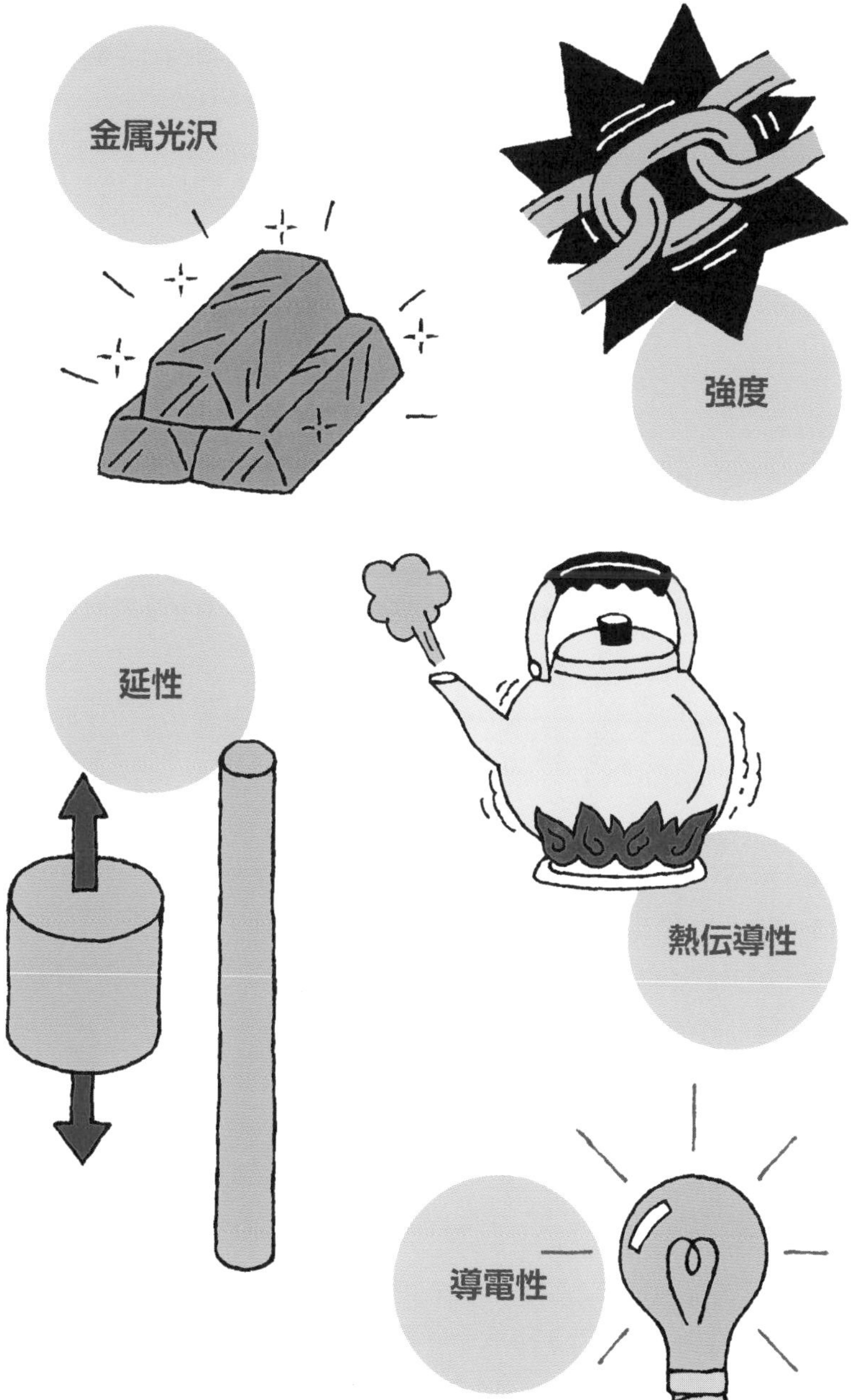

4 金属の化学結合

陽イオンが自由電子によって互いに引き合う結合

すべての物質は、原子で構成されています。物質を構成する原子を結び付ける結合のことを化学結合と呼びます。化学結合にはいくつかの種類があります。代表的な化学結合として、共有結合、イオン結合、金属結合の3種類があります。

共有結合は、2つの原子がいくつかの価電子を互いに共有し合うことによってできる結合のことで、主に樹脂材料の化学結合です。

電気を帯びた原子のことをイオンと呼びます。イオン結合は、一方の原子が陽イオン、他方の原子が陰イオンとなり、静電気的引力によって結び付く結合で、主にセラミックス材料の化学結合です。

金属結合は、金属材料の化学結合で、規則正しく配列した陽イオンの間を自由電子が自由に動き回り、これらの間に働く静電気引力で結び付けられています。この金属結合の自由電子によって、金属の特徴である金属光沢を有すること、延性を有すること、熱や電気を伝えやすいことにつながっています。

金属の特徴の1つである光り輝く金属光沢は、自由電子によって光が反射されることが原因です。ほとんどの金属は、すべての波長の光を反射するため、銀白色の色調からなる金属光沢を呈していますが、金と銅は、一部の波長の光を吸収するため、黄金色や赤銅色の色からなる金属光沢を呈しています。

金属の優れた延性は、外部から力が加えられても、自由電子が動いて結合が保たれるためです。

金属が熱を伝えやすい理由は、原子の熱運動がまわりの原子に伝わって熱が移動する現象の他に、自由電子が動き回るという現象によっても熱が伝わるためです。また、金属が電気を伝えやすい理由は、金属に電圧をかけると、自由電子は金属イオンのすき間を縫うようにしてプラス極のある方向へ動くためです。

要点BOX

- すべての物質は、原子で構成
- 化学結合は、共有結合、イオン結合、金属結合の3種類
- 金属の特徴は自由電子が原因

化学結合の種類

金属結合

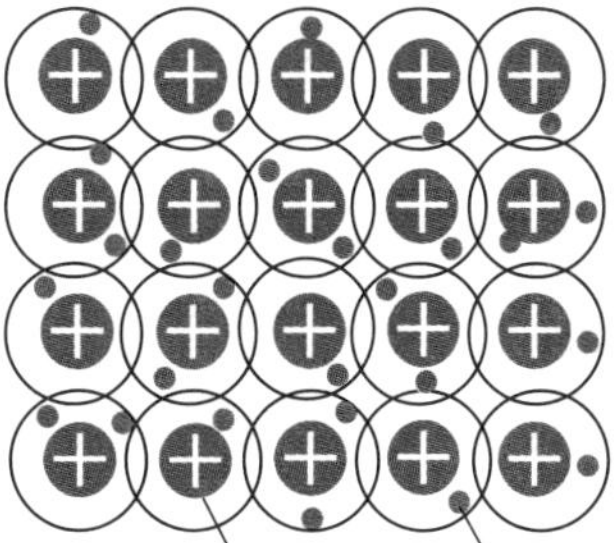

共有結合

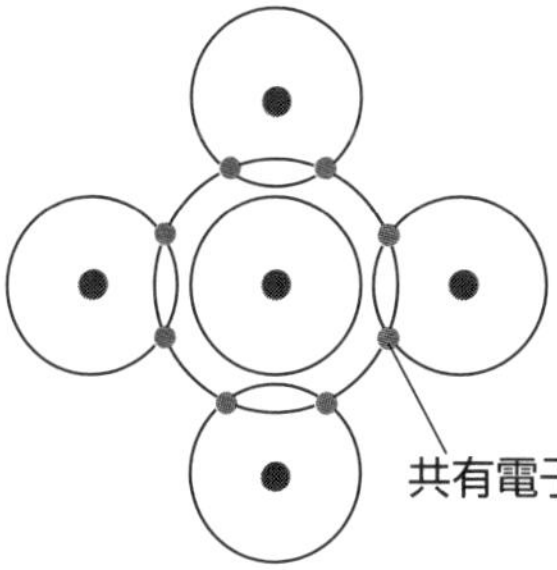

イオン結合

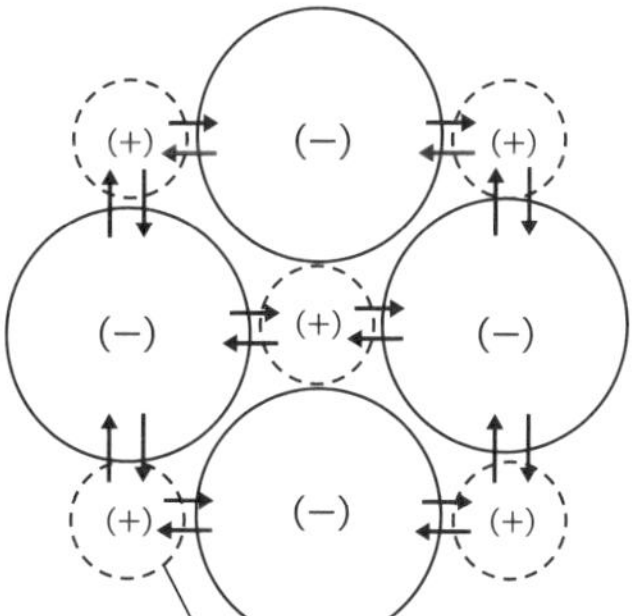

金属の延性

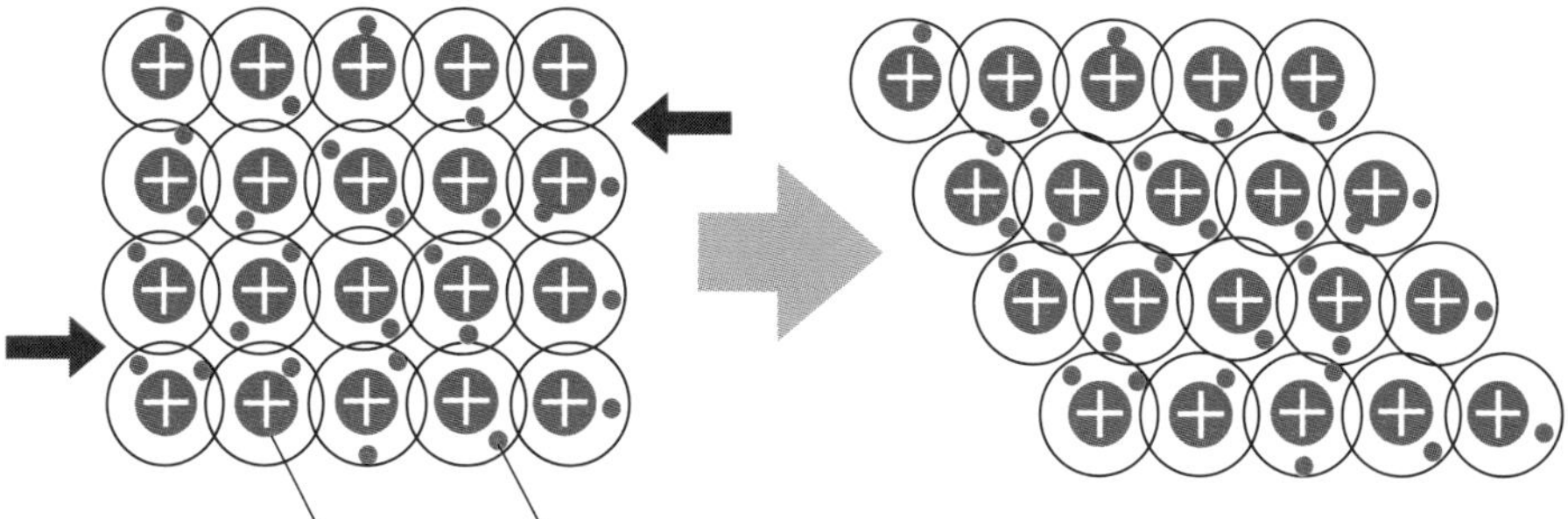

5 金属の欠点？特徴？「さび」

もう1つの金属材料の特徴

樹脂材料やセラミックス材料にはない、もう1つの金属材料の特徴としてさびが挙げられます。金属製品にさびが発生してしまうと、見栄えが悪く、不衛生に感じたり、金属製品としての機能を満たさなくなる場合もあります。例えば、街角にある鉄塔や支柱に施された塗装が剥げた部分に赤さびが発生しているのをよく見かけます。それを見ると老朽化したイメージを持ちます。さびが顕著に進行すると、鉄塔や支柱がボロボロに朽ちてしまい、本来の鉄塔や支柱の機能を満たさなくなってしまいます。

また、古い家にある水道の蛇口をひねると赤さびの混じった水が出てきた経験もあると思います。これは、水道管の管内に発生した赤さびが原因です。赤さびの混じった水を見ると、不衛生さも感じてしまいます。これらの赤さびは、いずれも鉄鋼材料に発生したさびです。

さびの発生は、鉄鋼材料に限ったことではありません。アメリカのハドソン川河口のリバティ島に立つ自由の女神は、銅のさびである青緑色の緑青が表面に発生している像として有名です。緑青は自由の女神に限らず、例えば、日本の神社仏閣の屋根や、公園や街角にある銅像でも見られます。ちなみに、自由の女神像の建造当初は、赤銅色だったようで、長年の雨などによって現在の状態になったようです。また、銅のさびは、身近な硬貨でも見受けられます。例えば、財布の中の硬貨を確認すると、同じ10円硬貨でも、光沢のある硬貨とくすんだ硬貨があると思います。発行されて間もない10円硬貨は光沢がありますが、使用している過程で10円硬貨の表面にさびが発生し、くすんだ色合いになっていきます。亜鉛においてもさびが発生します。例えば、鉄鋼材料に亜鉛めっきを施した、いわゆるトタンの表面には、亜鉛のさびである白さびが発生します。

要点BOX
- さびは金属特有の現象
- 赤さびは見栄えも悪く、機能にも影響する
- 銅のさびは緑青、亜鉛のさびは白さび

赤さび

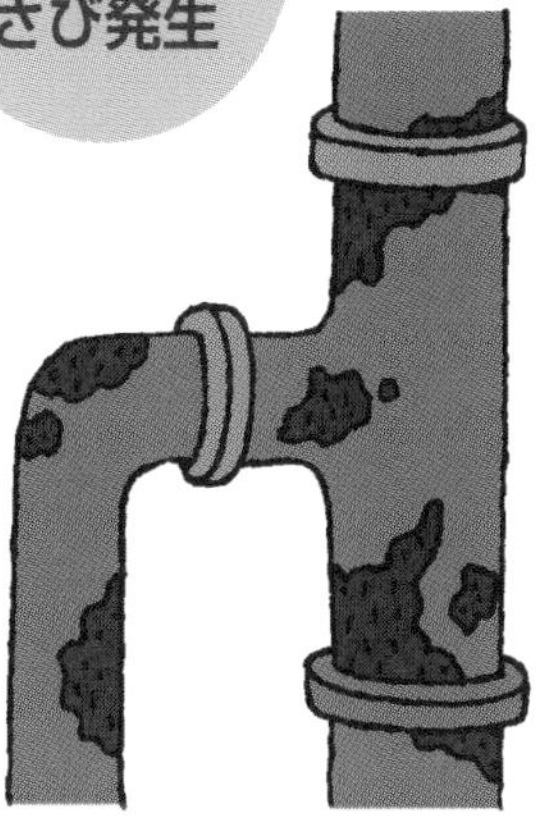
塗装が
剥げて
さび発生

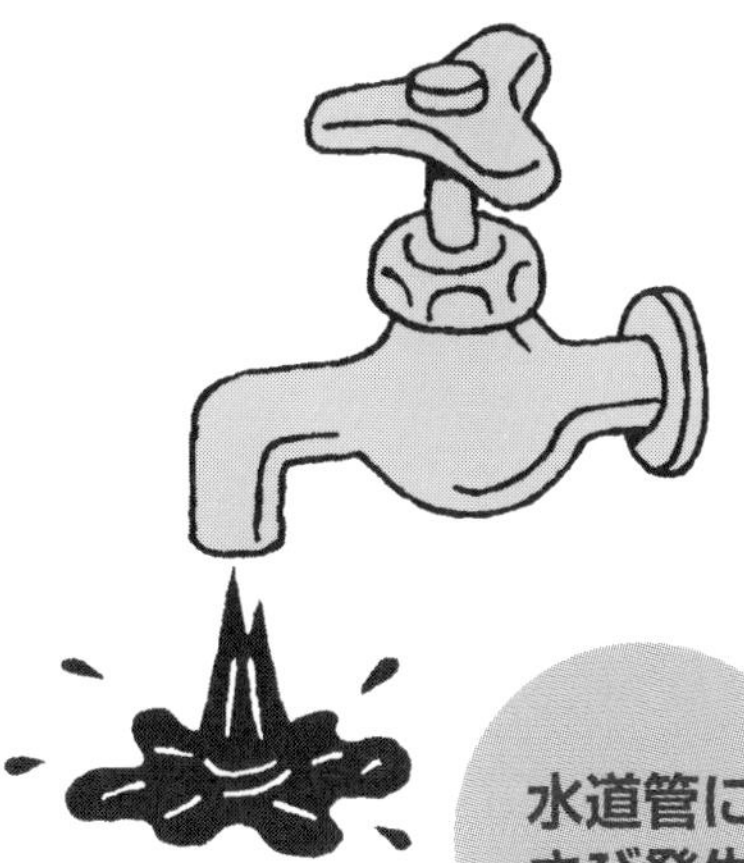
水道管に
さび発生

緑青

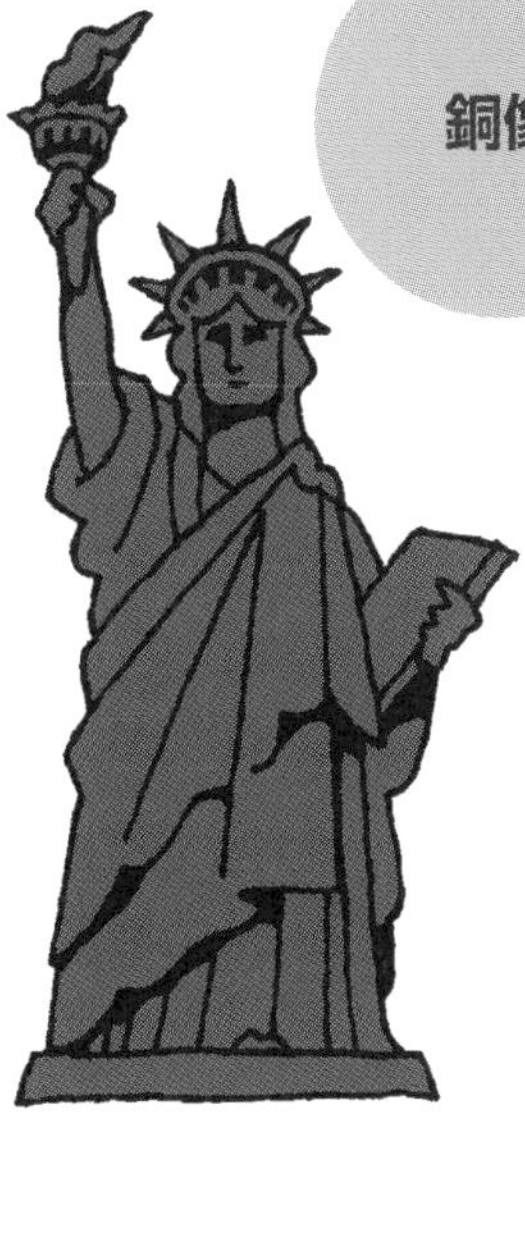
銅像

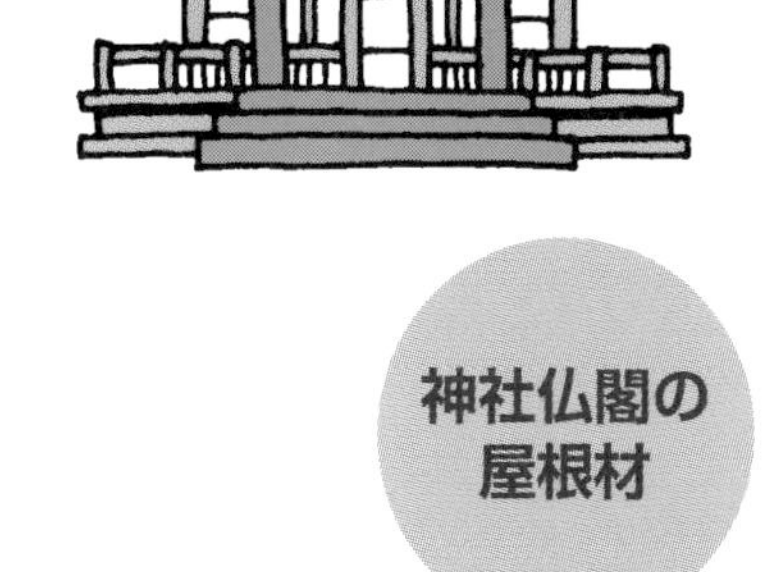
神社仏閣の
屋根材

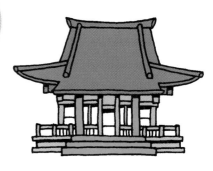

6 さびないステンレス。実はさびている！

金属は元に戻ろうとしている

金属材料は、私たちの身の周りの様々な分野で活躍しています。この金属材料は、もともと自然界に存在する酸化物や硫化物からなる金属鉱石を人間が製錬して人工的に作り出した物質です。金属材料にとっては、元の金属鉱石の状態のほうが安定しており、製錬された金属材料の状態は熱力学的に不安定です。そのため、金属材料が水と酸素に曝されると、化学的に反応し元の安定な金属鉱石の状態に戻ろうとします。この反応によってさびが金属に発生します。例えば、鉄は、自然界において鉄鉱石と呼ばれる鉄酸化物として存在しており、人間が鉄鉱石から単体の鉄を製錬して作り出しています。鉄にとってみると、鉄より元の鉄酸化物のほうが安定なので、水と酸素が近くにあると鉄から酸化物に変化しようとします。その結果、鉄が酸化してさびが発生します。赤さびの成分は$FeOOH$や$Fe_2O_3 \cdot H_2O$で、鉄の原料の鉄鉱石と同じ鉄の酸化物です。それぞれの金属材料のさびの成分と金属鉱石の成分を比較すると、さびの成分は金属鉱物の成分に似ています。

ステンレス鋼は、さびやすい金属材料の代表である鉄に、クロムやニッケルを添加した金属材料です。ステンレスに含まれるクロムの金属鉱石は、クロム鉄鉱と言われるクロム酸化物です。ステンレスがさびないとされているのは、添加されているクロムがつくるステンレス表面のクロムの酸化被膜と関係しています。ステンレスの表面には、クロムが元のクロム鉄鉱に戻ろうとして発生したクロム酸化物、いわゆるクロムのさびが発生しています。このクロムのさびは、薄くて透明でしっかりと素地に密着しており、その薄さは約100万分の1ミリです。このように、さびないとされているステンレス鋼の表面は、実はクロムのさびで覆われているのです。なお、もう1つの添加元素であるニッケルは、クロムのさびの密着性を向上させる役割があります。

要点BOX
- ●金属は人間が人工的に作り出した物質
- ●金属は元の安定な金属鉱石に戻ろうとしている
- ●ステンレスは薄くて透明なクロムのさびで覆われている

鉱石から金属、金属からさびへ

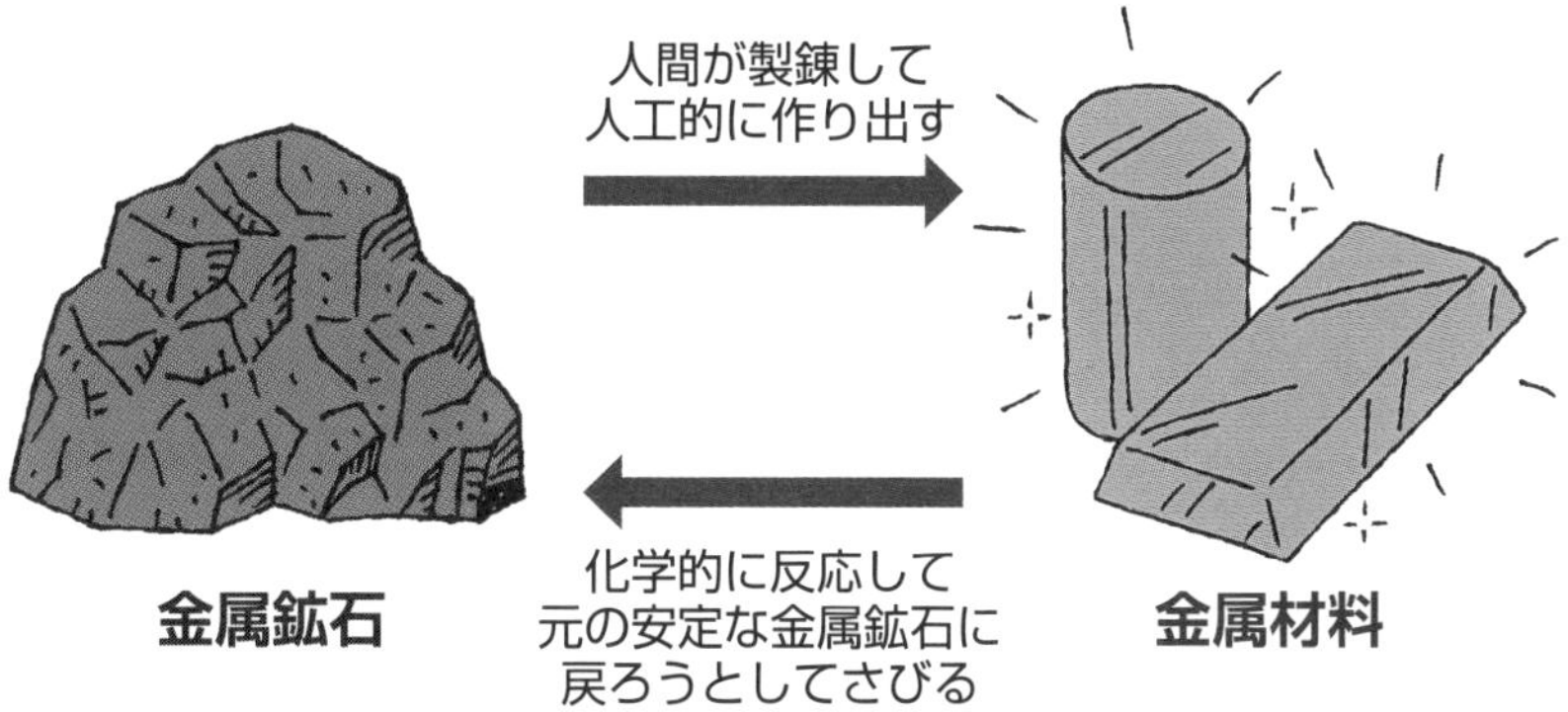

金属材料は安定な状態に戻ろうとする

さびと鉱石の成分

	アルミニウム	鉄	錫	銅	銀	金
さび成分	Al_2O_3	$FeOOH$ $Fe_2O_3 \cdot H_2O$ Fe_3O_4	SnO SnO_2	Cu_2O $CuCO_3 \cdot$ $Cu(OH)_2$	Ag_2S	さびない
鉱石成分	$Al_2O_3 \cdot 3H_2O$ $Al_2O_3 \cdot H_2O$	Fe_2O_3 Fe_3O_4	SnO_2	Cu_2O $CuCO_3 \cdot$ $Cu(OH)_2$	Ag Ag_2S	Au

鉄とステンレスのさび

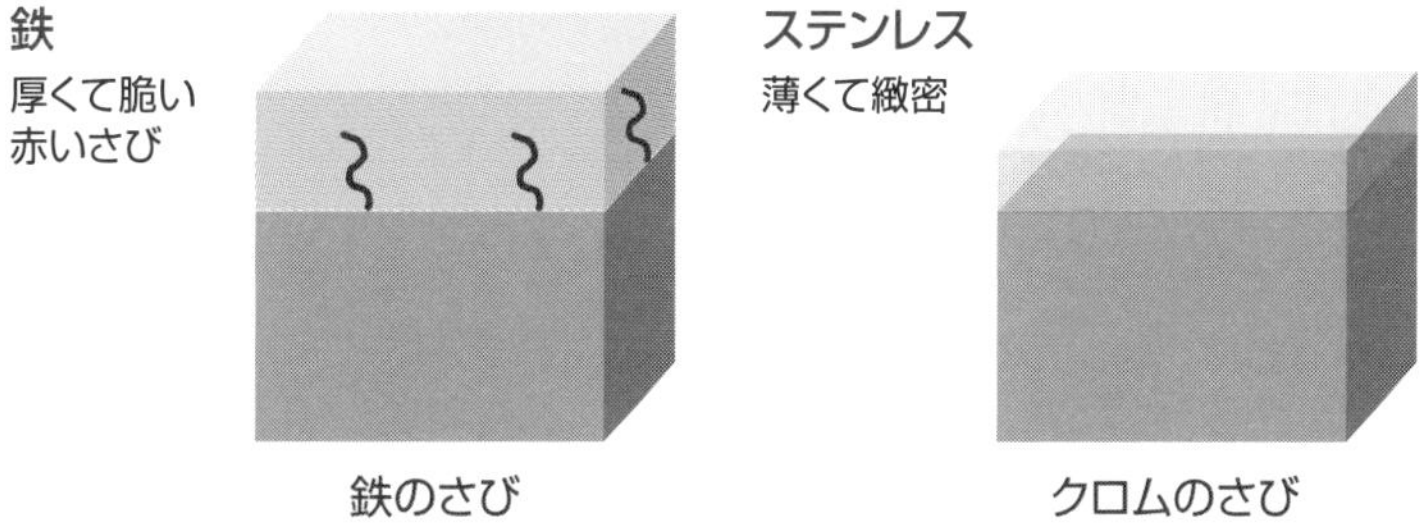

Column

そもそも元素って何?

私たちの身の周りにある、大地や草木、海、空気、食べ物、自動車、ビル、橋、そして私たち人間や動物など、ありとあらゆるすべての物は元素で構成されています。元素は、物質を構成している最小単位で、現在では118種類の元素が知られています。このうち天然に存在する元素が90種類であり、それ以外の28種類は人工的に作られた元素です。これらの元素を原子番号の順に並べて、性質の似た元素が縦に並ぶように配列した表が周期表です。例の「水兵リーベ僕の船、……」のように語呂合わせで覚えたあの表です。

物質を構成する際に基本となる粒子を原子と呼び、原子の構造は、中心に正の電荷を持つ原子核、その周りを負の電荷を持つ電子からなります。さらに、原子核は正の電荷を持つ陽子と、電荷を持たない中性子からなります。元素とは、この原子の種類を表すもので、各元素の陽子の数が原子番号であり、周期表はこの原子番号の順で並んでいます。

118種類の元素の約80%は金属元素で、金属として産出する金や銅、銀などの自然金属以外は、鉱石と呼ばれる金属と酸素や硫黄との化合物として地球上に存在しています。人間は、この鉱石を採鉱し、その後に選鉱・製錬し、ほぼ純粋な金属を手にしているのです。

ゴールドシュミットは、金属元素を金属、硫化物、ケイ酸塩鉱物への親和性に応じて、親鉄元素、親銅元素、親石元素の3つに分類しました。親鉄元素とは、鉄に近い性質を持った金属元素で容易に鉱石から炭素で還元できる鉄やニッケル、コバルトなどがあります。親銅元素とは、銅の他に、銅と一緒に硫化物として鉱石に存在する亜鉛や銀、鉛などです。親石元素とは、鉱石から酸素を還元することが極めて難しいアルミニウムやマグネシウムなどです。それぞれの存在量の観点においては、親石元素が最も多く、その次に多いのが親鉄元素、親銅元素が少ないという傾向にあります。

水兵リーベ
H・He・Li・Be
ボクの フネ‥
B・C・N・O・F・Ne‥

第2章

金属はどうして腐食する?

7 金属腐食とは?

化学反応で異なる物質に変化したり、減肉したりする

金属材料が環境との間で化学的に反応して、元の金属材料とは異なる物質に変化したり、その表面が減肉していく現象のことを金属腐食と呼びます。金属材料が異なる物質に変化したものをさび、あるいは腐食生成物と呼びます。鉄の赤さびや銅の緑青、亜鉛の白さびは、いずれも金属腐食によるものです。

金属腐食が過度に進行すると、金属材料が減肉してしまい穴が開くなど、本来の機能を果たさなくなってしまう場合があります。例えば、金属製の屋根板がさびで穴があいてしまうと、天井から雨漏りしてしまい、屋根板としての機能を果たさなくなってしまいます。また、建物の構造材料として使用している金属材料に金属腐食が発生すると、さびによって骨材が減肉し構造体として強度を維持できなくなってしまいます。このように金属腐食は、金属材料を構造材料として使用する上で致命的な問題となる場合があります。

金属腐食が発生する理由は、金属の化学結合によるもので、自由電子による金属結合が金属腐食の発生と深く関係しています。また、金属腐食の発生のしやすさは、金属材料の種類によって異なります。例えば、前述の赤さびが発生する鉄鋼材料は容易に金属腐食が発生しやすい金属材料です。一方、人類が銅とともに早くから手にした金は、一部の腐食環境を除いて、さびずに金属光沢を維持し続けるように、金属腐食が発生しにくい金属材料です。

腐食を「物質が環境と化学的に反応して、変質したり減肉していくこと、あるいはその現象」と定義すると、腐食は金属材料に限らず、セラミックス材料でも発生します。例えば、セラミックス材料は、一般的に金属より耐食性が優れた工業材料として知られていますが、特定の酸や溶融した金属によって、セラミックスが腐食することが知られています。

要点BOX
- ●さびも金属腐食の1つ
- ●金属を構造材料として使用する上で致命的な問題
- ●発生のしやすさは、金属の種類による

金属腐食の種類

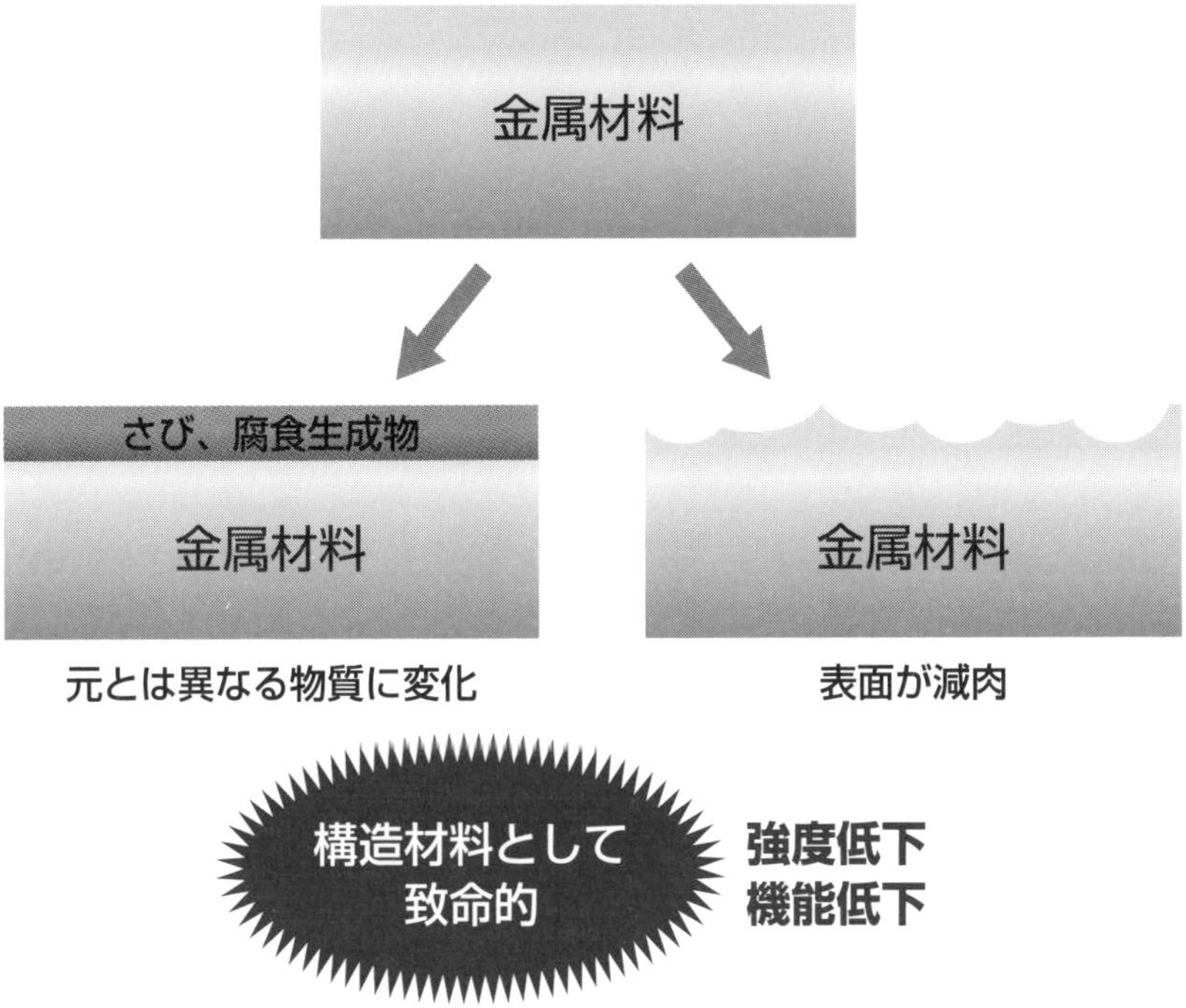
金属材料
さび、腐食生成物
金属材料
金属材料
元とは異なる物質に変化
表面が減肉
構造材料として
致命的
強度低下
機能低下

8 金属腐食の反応

自由電子が介する金属腐食

金属材料が、金属光沢を有すること、延性を有すること、熱や電気を伝えやすいことと関係がある自由電子は、金属腐食とも関係があります。自由電子を介した金属腐食を鉄の赤さびの観点から解説します。

鉄が中性の水に浸かると、鉄表面から金属イオンである鉄イオン(Fe^{2+})と自由電子(e^-)が放出されます。放出された自由電子は、水(H_2O)と、水に含まれている溶存酸素(O_2)に反応し、水酸化物イオン(OH^-)が生成します。その結果、鉄イオンと水酸化物イオンが結合し、さらに溶存酸素と反応した結果、赤さび($Fe_2O_3 \cdot 3H_2O$)が生成します。このように、金属腐食による赤さびは、自由電子を介して発生します。酸素と水が存在する環境で鉄が金属腐食するという現象は、物質間での自由電子の授受を伴う電気化学反応によって起こっています。電気化学反応とは、化学エネルギーを電気エネルギーに変換する反応、あるいは電気エネルギーを化学エネルギーに変換する反応であり、後述するめっきや陽極酸化など金属材料の表面処理にも応用されています。

電気化学反応において、電子を放出し腐食する側をアノード、電子を受け取る側をカソード、それぞれの反応をアノード反応、カソード反応と呼びます。アノードで放出する自由電子の量とカソードで受け取る自由電子の量は必ず同じになります。また、アノードからカソードへ動く電子の流れが電流になります。

ちなみに、鉄の金属腐食は、その反応式から分かるように、酸素、もしくは水のいずれか一方でも供給されなければ起こりません。すなわち、酸素と水の両方なければ、鉄に赤さびは発生しません。このような考え方が、後述する金属腐食を抑制する、あるいはそのための手段である防食に活かされています。

要点BOX
- ●物質間での電子の授受を伴う電気化学反応
- ●電子を放出し腐食する側をアノード
- ●電子を受け取る側をカソード

赤さび発生のしくみ

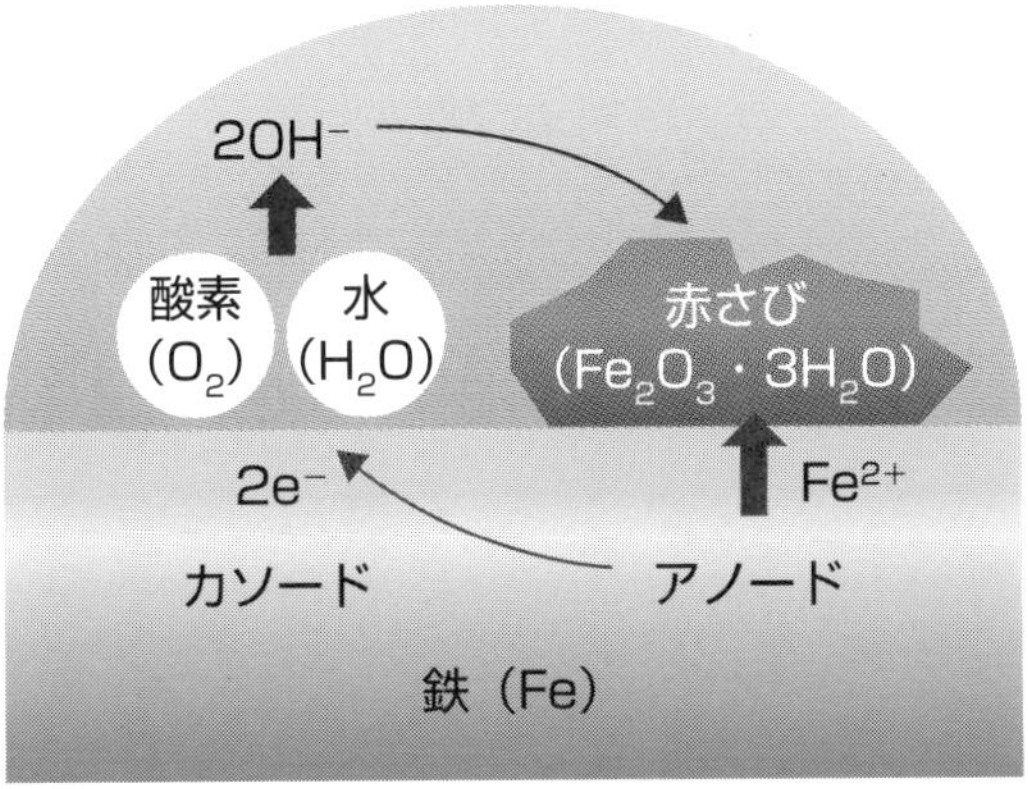

アノード

$$Fe \rightarrow Fe^{2+} + 2e^-$$

カソード

$$1/2O_2 + H_2O + 2e^- \rightarrow 2OH^-$$

$$2Fe(OH)_2 + H_2O + 1/2\,O_2 \rightarrow 2Fe(OH)_3 \rightarrow Fe_2O_3 \cdot 3H_2O$$

9 腐食しやすい金属と腐食しにくい金属

イオン化傾向と標準電極電位

永遠の輝きを有する金は、特別な環境でない限り、金属腐食が発生しません。一方、鉄は、水と酸素があると容易に金属腐食が発生します。このように、金属腐食のしやすさは、金属材料によって異なります。それは、金属材料によって電子を放出して陽イオンへのなりやすさが異なるためです。

金属材料の中には、陽イオンになりやすいものもあれば、なりにくいものもあります。金属材料が陽イオンになりやすいことを「イオン化傾向が大きい」、金属材料が陽イオンになりにくいことを「イオン化傾向が小さい」とそれぞれ表現します。

イオン化傾向では、鉛と銅の間に水素が入っています。水素は金属材料ではありませんが、金属と同様に陽イオンになる元素ですのでイオン化傾向に入っています。水素が陽イオンになる強さを基準として、それぞれの金属材料の陽イオンになるために必要なエネルギーを電位として表したものを標準電極電位と呼び、電圧で表します。この電位は計算によって算出されます。イオン化傾向が大きい金属材料ほど陽イオンになって酸化しやすく、イオン化傾向が小さい金属材料ほど電子を受け取って還元しやすいことになります。イオン化傾向が大きい金属材料を卑《ひ》な金属、小さい金属材料を貴《き》な金属と呼びます。

イオン化傾向が小さい金、白金などの貴金属は、イオン化しにくいので、特別な環境でない限り金属腐食が発生しにくい金属材料です。一方、イオン化傾向が大きいマグネシウムや亜鉛、鉄は、イオン化しやすいので、金属腐食が発生しやすい金属材料です。

金属腐食の進展のしやすさは、金属材料の表面に形成される皮膜の緻密さに依存します。例えば、アルミニウムやチタン、ステンレス鋼の表面に形成される皮膜は、不働態皮膜と呼ばれ、非常に緻密なので、金属イオンの溶出が抑えられます。

要点BOX

- ●金属腐食のしやすさは金属によって異なる
- ●標準電極電位は陽イオン化に必要なエネルギー
- ●金属腐食の進展しやすさは表面皮膜の緻密さ

イオン化傾向

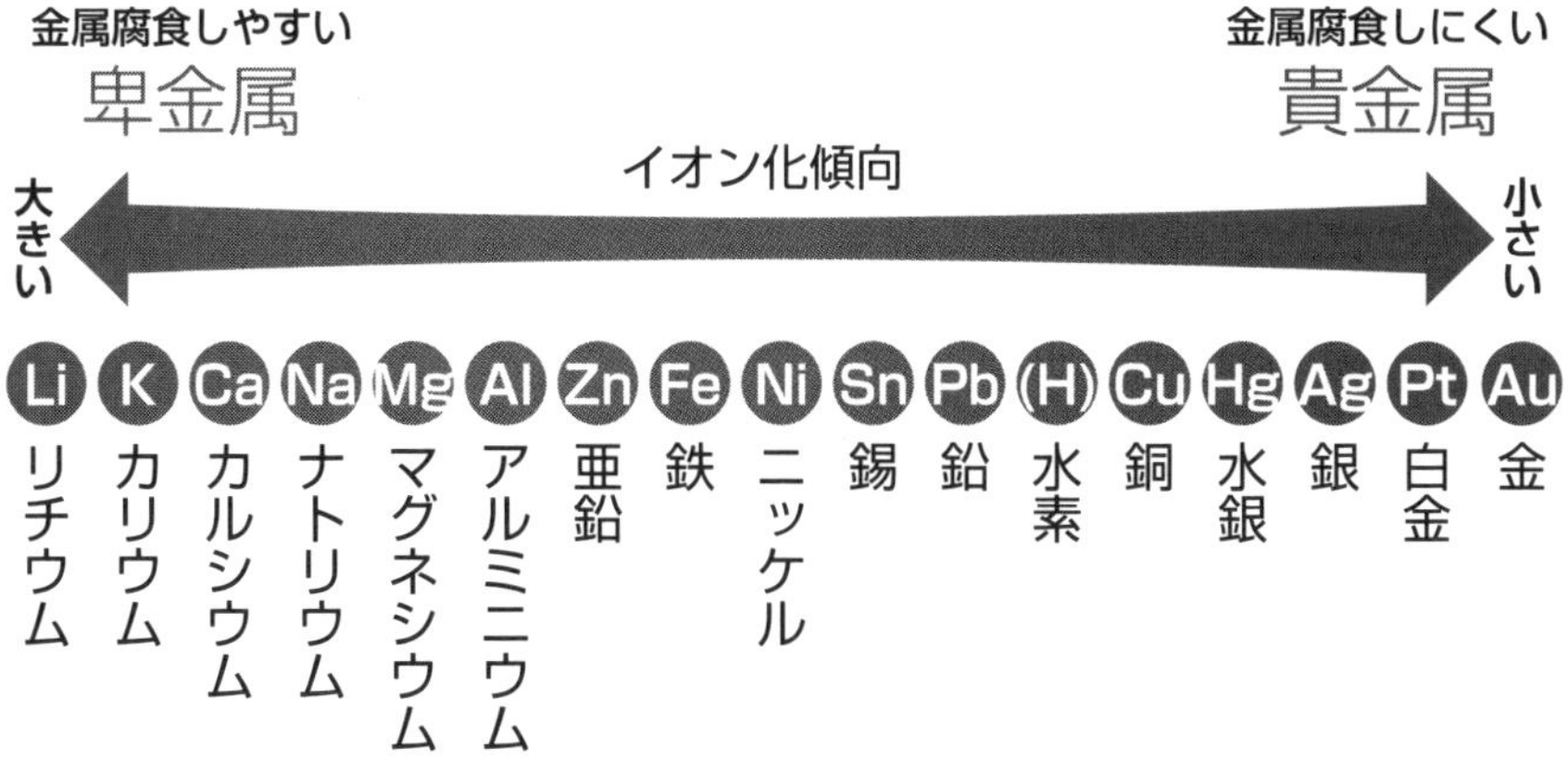

標準電極電位

金属材料		標準電極電位(V)	金属材料		標準電極電位(V)
金	Au	+1.52	鉄	Fe	−0.44
白金	Pt	+1.19	亜鉛	Zn	−0.76
銀	Ag	+0.80	アルミニウム	Al	−1.68
水銀	Hg	+0.79	マグネシウム	Mg	−2.36
銅	Cu	+0.34	ナトリウム	Na	−2.71
水素	H	0.00	カルシウム	Ca	−2.84
鉛	Pb	−0.13	カリウム	K	−2.93
錫	Sn	−1.14	リチウム	Li	−3.05
ニッケル	Ni	−0.26			

10 キーワードは3つの「食」

物が腐って形が崩れたり、見栄えが変わること、そのような状態に変化することを「腐食」と呼び、英語ではCorrosionと表現されます。もともと「腐食」という言葉は、腐って蝕《むしば》まれる腐蝕と表現されていましたが、簡略化されて腐食という表現に変化したようです。金属材料で発生する腐食を金属腐食と呼び、金属材料に発生するさびもその1つです。

上述の金属腐食を抑制する、あるいはそのための方法のことを「防食」と呼びます。腐蝕と同様に、防食は防蝕とも表現される場合もあります。金属腐食を防ぐために、数々の防食が施されています。防食方法を大別すると、被覆防食、電気防食、金属材料の変更、腐食環境制御の4つに分けられます。例えば、被覆防食は、金属材料を腐食環境から遮断させるために、その表面を塗膜などの別の皮膜で覆うことによって、金属腐食を抑制する方法の1つです。

防食の中で、金属材料のさび発生を防止することを防せいと呼びます。防せいという言葉は、金属腐食によって建物や配管が劣化するのを防止するスペシャリストに与えられる、防せい管理士という民間資格の名称にも使用されています。

一方、金属腐食に耐えることを「耐食」と呼び、耐蝕と表現される場合もあります。金属の腐食特性のことを耐食性と表現します。耐食性という言葉は、金属材料や防食処理方法の腐食特性のレベルを表す場合に使用されます。また、様々な金属材料や、防食処理が施された金属材料の腐食特性を評価する試験のことを耐食性試験と呼びます。一般的に、耐食性試験から得られた結果に基づいて、金属腐食への対策が行われます。

以上のように、「食」という漢字を使用する「腐食」、「防食」、「耐食」という3つの言葉は、金属腐食におけるキーワードと位置付けられています。

要点BOX
●環境と化学的に反応して変質・消耗する腐食
●腐食を抑制する防食
●腐食に耐える耐食

金属腐食のキーワード

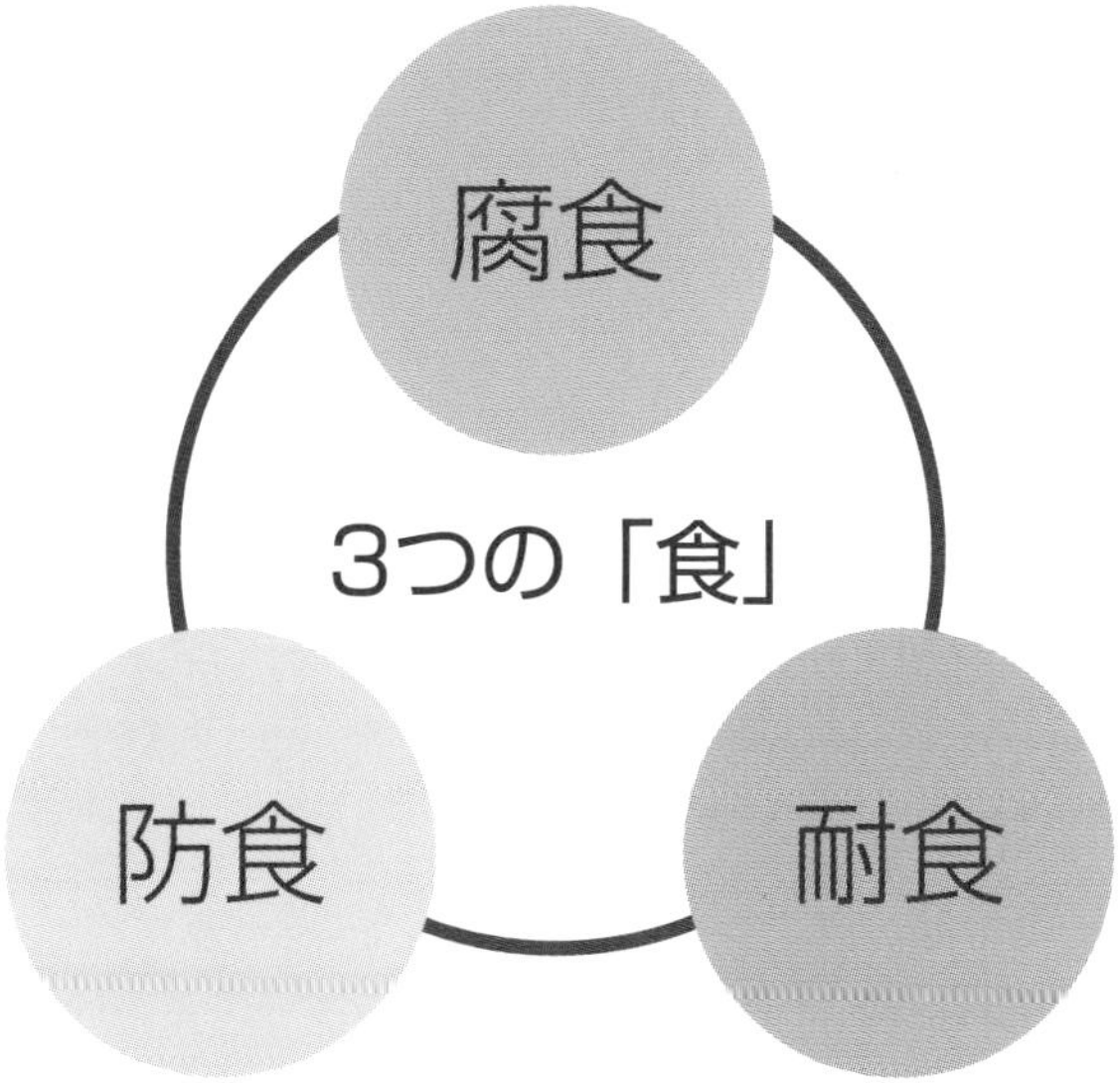

腐食・防食・耐色の意味

	意味	用語例
腐食（腐蝕）	物質が環境と化学的に反応して、変質したり消耗していくこと	金属腐食
防食（防蝕）	金属腐食を抑制する、あるいはそのための方法のこと	被覆防食 電気防食
耐食（耐蝕）	金属腐食に耐えること	耐食性

11 金属腐食による経済損失

成熟期の腐食コスト調査

（一社）日本防錆技術協会と（公社）腐食防食学会によって、これまでに1974年と1997年の過去2度、日本における金属腐食に対する対策費の腐食コスト調査が行われました。第3回目として2015年の腐食コスト調査が、過去と同じUhlig方式およびHoar方式で行われました。なお、第1回目は日本の成長期、第2回目は変換期、そして第3回目は成熟期の腐食コスト調査と位置付けられています。

Uhlig方式は、塗料、めっきなどの表面処理、耐食材料、防せい剤、防せい油および電気防食、塗装などの施工費および腐食研究の直接的な腐食対策費を加算したものです。Hoar方式は、エネルギー、運輸、建設、化学、金属、機械などの産業分野ごとの腐食事故による損失と腐食対策費を加算したものです。2015年の腐食コストは、Uhlig方式では約4・3兆円、Hoar方式では約6・6兆円でした。Uhlig方式の腐食コストは前回の1997年調査の4・6兆円に対して約0・9倍、1974年調査の2・5兆円に対して約1・7倍でした。一方、Hoar方式では、前回の1997年調査の5・2兆円に対して約1・3倍、1974年調査の1・1兆円に対して約6・2倍でした。

1997年から2015年の約20年弱の期間で、腐食コストがUhlig方式ではほとんど変わらず、Hoar方式では微増であり、あまり大きな変化はありませんでした。これは、同じ金額でより高い耐食性のものが使用された、あるいは材料や装置の長寿命化が図られたことによると考察されています。

なお、3つの経済状況である成長期（1974年）、変換期（1997年）、そして成熟期（2015年）での腐食コスト調査は、世界的にも初めての試みであったようで、アジアなどの新興国への重要な情報や技術供与となると言われています。

要点BOX

- 金属腐食に対する対策費の腐食コスト調査
- Uhlig方式で約4.3兆円、Hoar方式で約6.6兆円
- 高耐食性のものが使用されて長寿命化が図られた

腐食コストの調査方式

Uhlig方式	塗料、めっきなどの表面処理、耐食材料、防せい剤、防せい油および電気防食、塗装などの施工費および腐食研究の直接的な腐食対策費を加算したもの
Hoar方式	エネルギー、運輸、建設、化学、金属、機械などの産業分野ごとの腐食事故による損失と腐食対策費を加算したもの

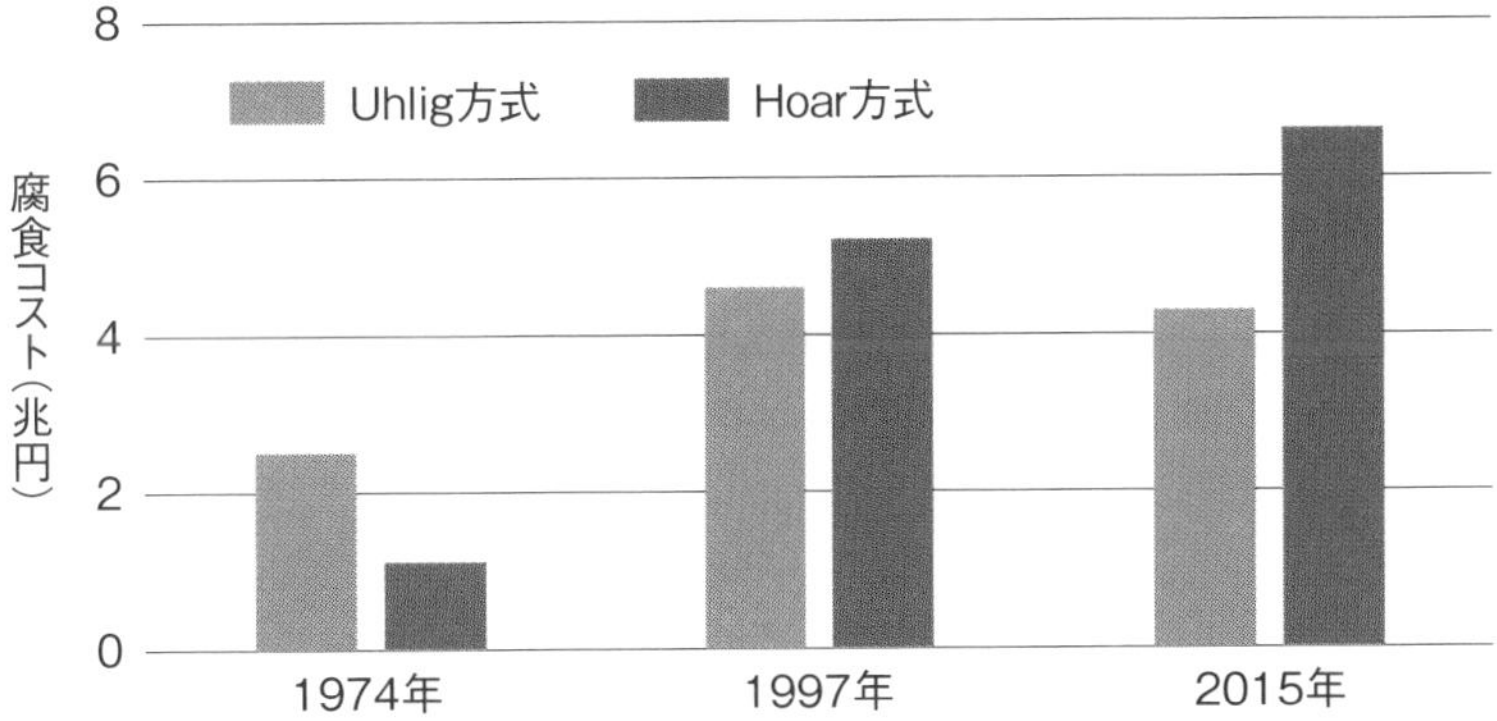

参考文献　腐食コスト調査委員会：材料と環境,69,283-306（2020）

Column

緑青の誤解

神社仏閣の銅葺き屋根、公園や街角にある銅像など、屋外に置かれた銅製品の表面は、緑青と言われる銅特有の青緑色のさびで覆われています。この青緑色の緑青に対して、「緑青は有毒」という認識をお持ちではありませんか？

この銅製品の表面に発生する緑青は、昭和の時代まで有毒なものとして扱われていました。実際、戦後の小学校の教科書や百科事典にも緑青は有毒と書かれていました。昭和生まれの私は、緑青は有毒と教えられていましたので、子供の頃に誤って触ってしまい、急いで石鹸で手を洗った記憶があります。

実は、この緑青は、無害だったのです。緑青に関する動物実験を重ねた結果、緑青が無害であることが判明しました。1984年8月には、厚生省（現 厚生労働省）が「緑青は無害に等しい」との認定を出しました。

緑青が有毒であるとの誤解を招いた理由には諸説あるようです。その1つとして、銅製品に含まれる不純物があったようです。具体的には、「昔の銅製品に不純物として人体に有毒なヒ素が含まれていたため、その銅製品の表面に発生した緑青にもヒ素が混じり、そのために「有毒のヒ素が含まれている銅製品には、ヒ素が混じった有毒の緑青が発生。だから、その緑青は有毒」となったようです。現代の銅製品には、有害なヒ素は取り除かれていますので、安心ですね。

第3章

金属腐食はどこで発生する？

12 金属腐食が発生する環境

金属腐食は腐食因子が関与

金属腐食の1つである鉄の赤さびは、水と酸素によって発生することを説明しましたが、金属腐食は水と酸素以外の腐食因子も関与して発生します。

金属腐食が発生する環境を大別すると、水を伴う環境と、水を伴わない環境の2つに分けられます。これら2つの腐食環境のうち、水を伴う環境をさらに大別すると、淡水や海水などの水中環境、大気環境、土壌環境の3つに、水を伴わない環境は高温雰囲気にそれぞれ分けられます。金属腐食は、これらの環境におけるそれぞれの腐食因子が関与して発生します。それぞれの環境における腐食因子については、次のとおりです。

水を伴う水中環境に関して、その水質は淡水と海水に分けられます。淡水とは、河川や沼、地下水などの塩分濃度が極めて低い水のことで、海水とは、塩分濃度が約3・5%の海の水と定義されています。淡水や海水の水中環境における腐食因子としては、塩分濃度の他に、酸性/アルカリ性を意味するpH、水に含まれる溶存酸素、電気の流れやすさである導電率、塩化物イオン、硫酸イオンなどが挙げられます。

水を伴う大気環境における腐食因子としては、降雨や結露、海水からの海塩粒子、硫黄酸化物や窒素酸化物などの大気汚染物質、各種の粉塵などが挙げられます。土壌環境における腐食因子としては、水中と同様に、pHと導電率、その他に微生物などが挙げられます。また、土壌環境における腐食因子として、電鉄のレールからの漏れ電流による腐食もあります。水を伴わない高温雰囲気における金属腐食の環境として、高温の大気やガスなどの雰囲気が挙げられます。

金属腐食を考慮した金属製品を設計する際や、金属腐食への対策を行う場合は、その金属製品が曝される環境をしっかりと把握・分析して、具体的な腐食因子を特定しておくことが重要になります。

要点BOX

- ●水を伴う環境と水を伴わない環境
- ●水中、大気、土壌、高温雰囲気
- ●金属製品が曝される環境と腐食因子特定が重要

金属腐食が発生する環境

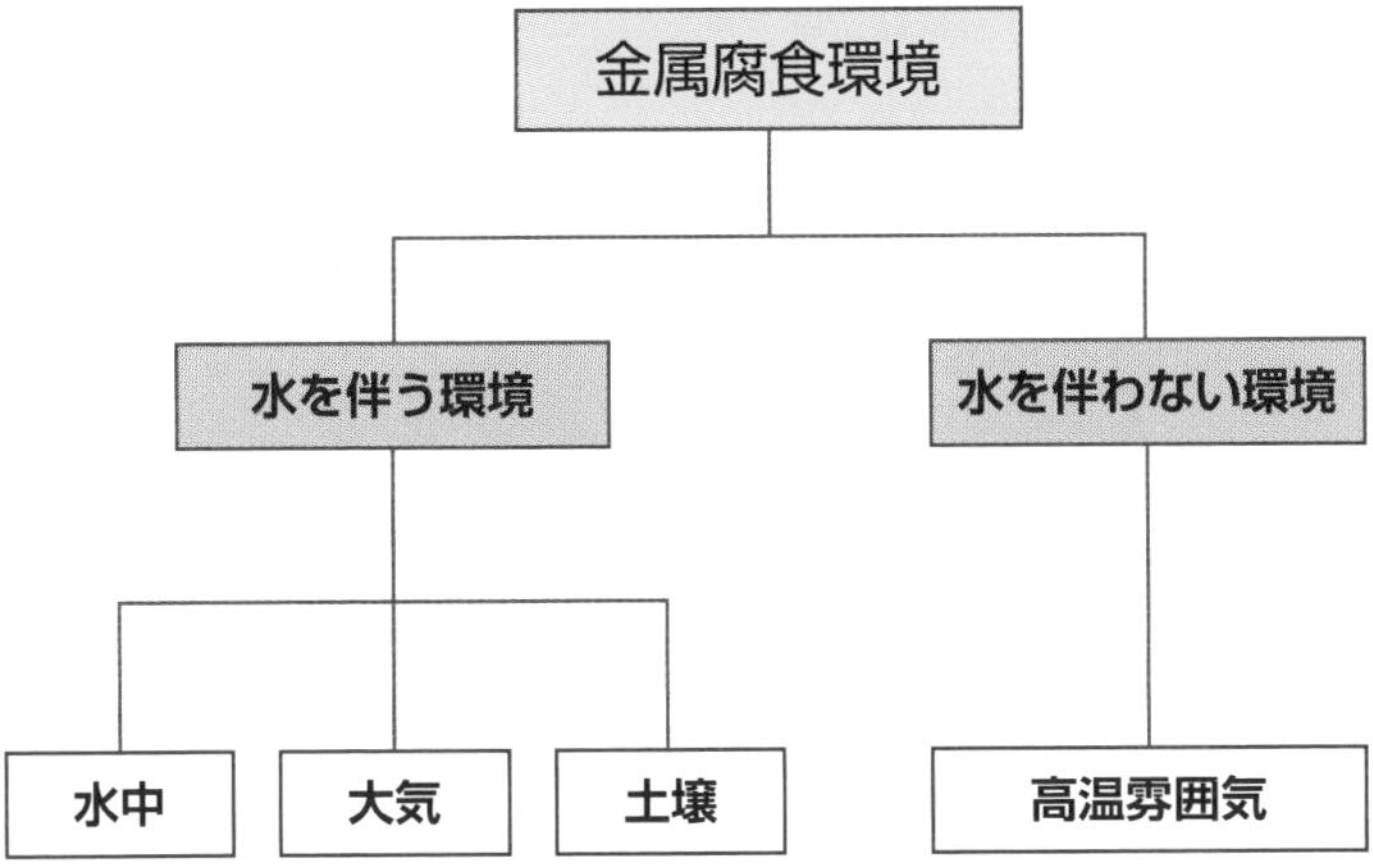

腐食の原因となるもの

環境	腐食因子
水中	塩分濃度、pH、溶存酸素、導電率、塩化物イオン、硫酸イオン
大気	降雨や結露、海塩粒子、硫黄酸化物、窒素酸化物、粉塵
土壌	pH、導電率、微生物、漏れ電流
高温雰囲気	高温大気、高温ガス

13 水中環境

淡水や海水における金属腐食

淡水や海水などの水中環境において、金属腐食に影響を与える主要な腐食因子として、pH、溶存酸素、導電率、塩化物イオン、硫酸イオンなどが挙げられます。これらの因子は、水質因子とも呼ばれています。また、淡水はカルシウムやマグネシウムなどを多く含む硬水と少ない軟水に分けられ、硬水では、金属材料の表面に硬度成分が析出して防食性の皮膜を形成します。そのため、金属腐食性が低下する傾向があります。

pHは水素イオン濃度の略称で、「ピーエイチ」と呼びます。pHは、酸性、アルカリ性を数値で示すもので、pHの値が7の場合は中性、7より小さい場合は酸性、7より大きい場合はアルカリ性となります。通常、金属材料の表面は、酸化物等の皮膜で覆われています。pHは、その皮膜の安定さを左右する重要な要素です。

水に溶けている酸素のことを溶存酸素と呼びます。溶存酸素は、pHと同様に重要な腐食因子です。溶存酸素は、金属材料の酸化反応を促進させる影響があります。その結果、酸化還元反応によって金属腐食を促進させたり、溶存酸素によって金属表面に酸化皮膜を形成させて、金属腐食を抑制します。

導電率は、物質中における電気伝導のしやすさを表す物性値で、導電率が大きいほど電気が流れやすいことを意味します。金属腐食は、導電性を有する金属と溶液の間に電気回路ができることによって進行します。そのため、金属腐食は、溶液の導電率が大きいほど進行しやすくなります。

塩化物イオンと硫酸イオンは、いずれも金属腐食を発生しやすくさせるイオンです。ステンレス鋼の孔食やすき間腐食は塩化物イオンにより起こり、銅管の孔食は、硫酸イオンの濃度に依存すると言われています。

要点BOX
- ●金属表面の皮膜の安定さを左右するpH
- ●溶存酸素はpHと同様に重要な腐食因子
- ●金属腐食は導電率が大きいほど進行しやすい

水中で腐食に影響を及ぼすもの

腐食因子	意味	影響
pH	水素イオン濃度の略称	金属材料表面の皮膜の安定さ
溶存酸素	水に溶けている酸素	金属材料の酸化反応を促進
導電率	電気伝導のしやすさ	導電率が大きいほど進行しやすい
塩化物イオン	Cl^-	金属腐食を発生しやすくする
硫酸イオン	SO_4^{2-}	

軟水より硬水のほうが
腐食しにくい

14 大気環境

大気環境における金属腐食

大気環境において発生する金属腐食に影響を与える主要な腐食因子として、降雨や結露、海水からの海塩粒子、硫黄酸化物や窒素酸化物などの大気汚染物質、各種の粉塵などが挙げられます。

大気環境における金属腐食は、淡水や海水などの水中と同様に、水と酸素によって発生します。このうち金属材料の表面への水の供給は、降雨や結露、凝縮によるものです。特に、相対湿度100%以下で発生する水の凝縮は、金属材料の表面に付着した異物での毛細管現象や、後述する塩類の付着によって、金属材料の表面に水膜を形成します。

海水からの海塩粒子、硫黄酸化物や窒素酸化物などの大気汚染物質も、大気環境における金属腐食を促進させることが知られています。海塩粒子は、海岸から運ばれる海水ミストです。海塩粒子は、塩化ナトリウムや塩化マグネシウム、塩化カルシウムからなり、これらは、相対湿度100%以下で発生する、金属材料表面への水の凝縮を促進させます。また、これらの塩類は金属腐食を促進させます。

海塩粒子、硫黄酸化物や窒素酸化物などの大気汚染物質は、場所によって異なります。例えば、海塩粒子は海岸地域で多く、硫黄酸化物や窒素酸化物などの大気汚染物質は工業地域で多い傾向があります。一方、田園地域は、海塩粒子や大気汚染物質がもっとも少ないです。そのため、大気環境は、臨海大気、工業大気、田園大気の3つに分類されています。大気中の硫黄酸化物や窒素酸化物が水に溶けると硫酸や硝酸が生成されて、雨水のpHが6・5以下になる場合があります。この雨水を酸性雨と呼び、銅や銅合金の表面に生成する、保護皮膜の緑青を溶かしてしまう場合があります。

このような大気環境を考慮しながら、その金属腐食性を定量的に評価することは、構造物の寿命推定や保守管理を行う上で、重要な課題となります。

要点BOX
- ●水の供給は、降雨や結露、凝縮
- ●海塩粒子や大気汚染物質も金属腐食を促進
- ●臨海大気、工業大気、田園大気

大気環境で腐食に影響を及ぼすもの

腐食因子	意味	影響
水	降雨、結露、凝縮	金属材料の表面に水膜を形成
海塩粒子	塩化ナトリウム 塩化マグネシウム 塩化カルシウム	相対湿度100%以下で発生する水の凝縮を促進
大気汚染物質	硫黄酸化物、窒素酸化物	水に溶けると硫酸や硝酸が生成

大気環境の分類

大気環境

- 臨海大気
- 工業大気
- 田園大気

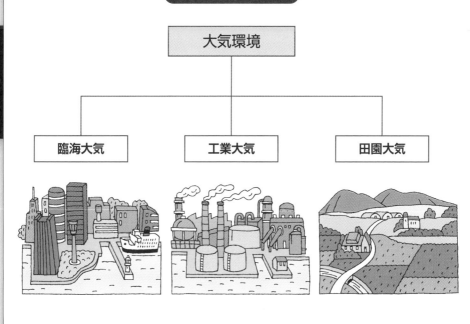

15 土壌環境

土壌環境で発生する金属腐食

私たちの身の周りには、ガスや水道などの配管、構造物の基礎となる杭など、日ごろの生活では見えない、土壌に埋没されている金属材料があります。これらの土壌に埋没された金属材料に発生する金属腐食は、水中腐食や大気腐食と同様に、土壌に含まれる水と酸素によって発生します。ただ、土壌腐食は、酸素供給量が少ないことや、乾燥と湿潤の繰返しが少ないことが、水中腐食や大気腐食と異なります。

土壌環境における金属腐食に影響する水と酸素は、土壌の種類に影響します。具体的には、砂質の土壌では排水性が良いので含水率が低く、粘土質の土壌では排水性が悪いので含水率が高い傾向があります。一方、土壌の酸素については、水と異なり、砂質では酸素が多く、粘土質では酸素が少ない傾向にあります。土壌環境における金属腐食の腐食因子としては、水質と同様に、pHや導電率が挙げられます。導電率は湿分とイオン濃度に関係し、導電率が高いほど金属腐食の進行は早くなります。また、土壌には、微生物が生息しているので微生物による金属腐食も考慮が必要となります。

土壌腐食は、全面腐食以外に、青銅バルブに接続した鋼管などのように、異なる金属材料の接触による異種金属接触腐食、直流を使用した電車や高圧線からの漏れ電流による迷走電流腐食などによる局部腐食も多く発生します。

土壌腐食を調査する場合は、対象とする金属材料が埋没されていた場所、例えば、海岸からの距離や深さなどの情報、埋没年数、土壌腐食が発生した金属材料の種類、元の寸法などの情報を把握することが重要となります。

埋没された配管の土壌腐食を防止する方法として、一般的には、後述する塗装と電気防食法が採用される場合が多いようです。

要点BOX
- ●土壌に含まれる水と酸素によって発生
- ●腐食因子は、pHや導電率、微生物など
- ●異種金属接触腐食や迷走電流腐食

土壌環境で腐食に影響を及ぼすもの

腐食因子	意味	影響
水	ー	砂質では含水率が低く、粘土質では含水率が高い
酸素	ー	砂質では酸素が多く、粘土質では酸素が低い
pH	水素イオン濃度の略称	金属材料表面の皮膜の安定さ
導電率	電気伝導のしやすさ	導電率が大きいほど進行しやすい

土壌にある金属材料

土壌の中では、
異種金属接触腐食や
局部腐食も発生する

16 高温雰囲気

水を伴わない高温環境での金属腐食

水を伴わない高温雰囲気での金属腐食は、高温の大気、あるいは反応性ガスによって発生します。高温雰囲気における金属腐食を大別すると、高温の大気によって発生する高温酸化、反応性ガスによって起きる高温ガス腐食、低融点の燃焼灰による溶融塩腐食の3つに分類されます。

鉄を大気中で高温に加熱すると、表面に酸化物が生じて、表皮が剝がれやすいボロボロの表面になってしまいます。この現象を高温酸化と呼び、酸素や二酸化炭素からなる高温の大気雰囲気で発生します。また、高温酸化は水蒸気雰囲気中でも発生します。水蒸気雰囲気中での高温酸化を水蒸気酸化と呼び、火力発電のボイラーで500℃から650℃の高温蒸気に曝される管内面などで問題となる場合があります。

大気環境以外の反応性ガスで生じる金属腐食のことを、高温ガス腐食と呼びます。高温ガス腐食は、硫化水素ガスや亜硫酸ガスなどの雰囲気中で発生する硫化、一酸化炭素や二酸化炭素、炭化水素などの雰囲気中で発生する浸炭、アンモニア雰囲気などの窒素を含む雰囲気中で発生する窒化、塩素ガスや塩化水素ガスなどの雰囲気中で発生するハロゲン化、にそれぞれ分けられます。

硫化によって金属材料の表面に生成する硫化物は金属材料の肉厚を減らします。また、浸炭や窒化によって鉄鋼材料の表面硬さが高くなります。ハロゲン化によって金属材料の表面に生成するハロゲン化物は昇華しやすいので、金属腐食が継続し続けます。このうち、浸炭と窒化は、金属材料の表面硬化処理として活用されています。

重油や石炭焚きのボイラーやごみ焼却炉などの高温部材に燃焼灰やアルカリ硫酸塩が付着堆積、溶融して著しく金属腐食が加速される現象を溶融塩腐食と呼びます。

要点BOX
- ●高温の大気雰囲気における高温酸化
- ●反応性ガスによって起きる高温ガス腐食
- ●低融点の燃焼灰による溶融塩腐食

高温雰囲気における金属腐食の原因

高温雰囲気

- 高温の大気
- 反応性ガス
- 溶融塩

腐食の原因となるもの

環境	腐食因子
高温の大気	酸素や二酸化炭素
反応性ガス	硫化水素ガス、亜硫酸ガス、一酸化炭素、二酸化炭素 炭化水素、アンモニア雰囲気、塩素ガス、塩化水素ガス
溶融塩	燃焼灰 、アルカリ硫酸塩

Column

さびない鉄

さびない鉄と言えば、ステンレス鋼がよく知られています。ステンレス鋼は、鉄にクロムとニッケルを添加した鉄鋼材料で、私たちの身の周りで多く使用されています。

実は、クロムやニッケルを添加したステンレス鋼以外にもさびない鉄があります。それは、インドのデリー市郊外にある、チャンドラヴァルマンの柱と呼ばれる鉄柱に使われている鉄です。このチャンドラヴァルマンの柱は、1500年以上前に作られたにもかかわらず、その表面にはさびが発生していないようです。その材料は、ステンレス鋼のようにクロムやニッケルを含有せず、99・72%の鉄からなります。詳細を調べた結果、鉄に微量に含まれているリンによって金属腐食が抑制されていると言われています。

その他にもさびない鉄があります。最近、鉄の純度を究極に上げていくと、鉄がさびなくなることがわかりました。その純度は99・9996%と、超高純度なのです。この超高純度鉄は、通常の鉄を容易に腐食させる塩酸につけても金属腐食しにくい性質を有しています。

最近、このような金属腐食しにくい超高純度鉄は、優れた生体適合性を示す生体材料としても期待されています。今後の超高純度鉄の新規な応用展開が期待されています。

第4章

金属腐食の種類は?

17 金属腐食の分類

環境と形態による分類

金属腐食には様々な種類があり、その種類を金属腐食が発生する環境と、金属腐食の形態で分類することができます。

金属腐食が発生する環境を大別すると、第3章で解説したように、水を伴う環境と水を伴わない環境の2つに分けられます。水を伴う環境での金属腐食を湿食と呼び、湿食は淡水中で発生する淡水腐食、海水中で発生する海水腐食、大気中で金属腐食が発生する大気腐食、土壌中で発生する土壌腐食に分類されます。一方、水を伴わない環境での金属腐食を乾食と呼びます。乾食は高温腐食とも呼ばれ、高温酸化、高温ガス腐食、溶融塩腐食があります。

金属腐食は、その発生形態でも分類することができます。金属腐食をその形態で大別すると、金属腐食が金属材料表面で全面的に発生する全面腐食と、部分的に発生する局部腐食の2種類に分けられます。局部腐食は、金属腐食の発生メカニズムの違いによっていくつかに分けられます。代表的な局部腐食として、イオン化傾向の異なる金属材料が接触して金属腐食が発生する異種金属接触腐食、金属材料の粒界に沿って金属腐食が進行する粒界腐食、皮膜のピンホールなどから内部に向かって金属腐食が進行する孔食、すき間から金属腐食が進行するすき間腐食、金属材料の合金成分が減少する脱成分腐食、材料・環境・応力の3要素が揃った場合に発生する応力腐食割れ、流体によって金属腐食が進行するエロージョン・コロージョンなどがあります。このように、金属腐食は、発生する環境、発生形態によって様々な種類があります。

金属材料に発生した金属腐食を特定する際は、金属腐食が発生した環境と、金属腐食の形態を把握し、分析することが重要になります。その上で、用いる金属材料の変更や防食など、金属腐食への対策が取られます。

要点BOX
- ●水が関与する湿食と関与しない乾食
- ●全面腐食と局部腐食
- ●腐食環境と腐食形態の把握と分析が重要

金属腐食の環境による分類

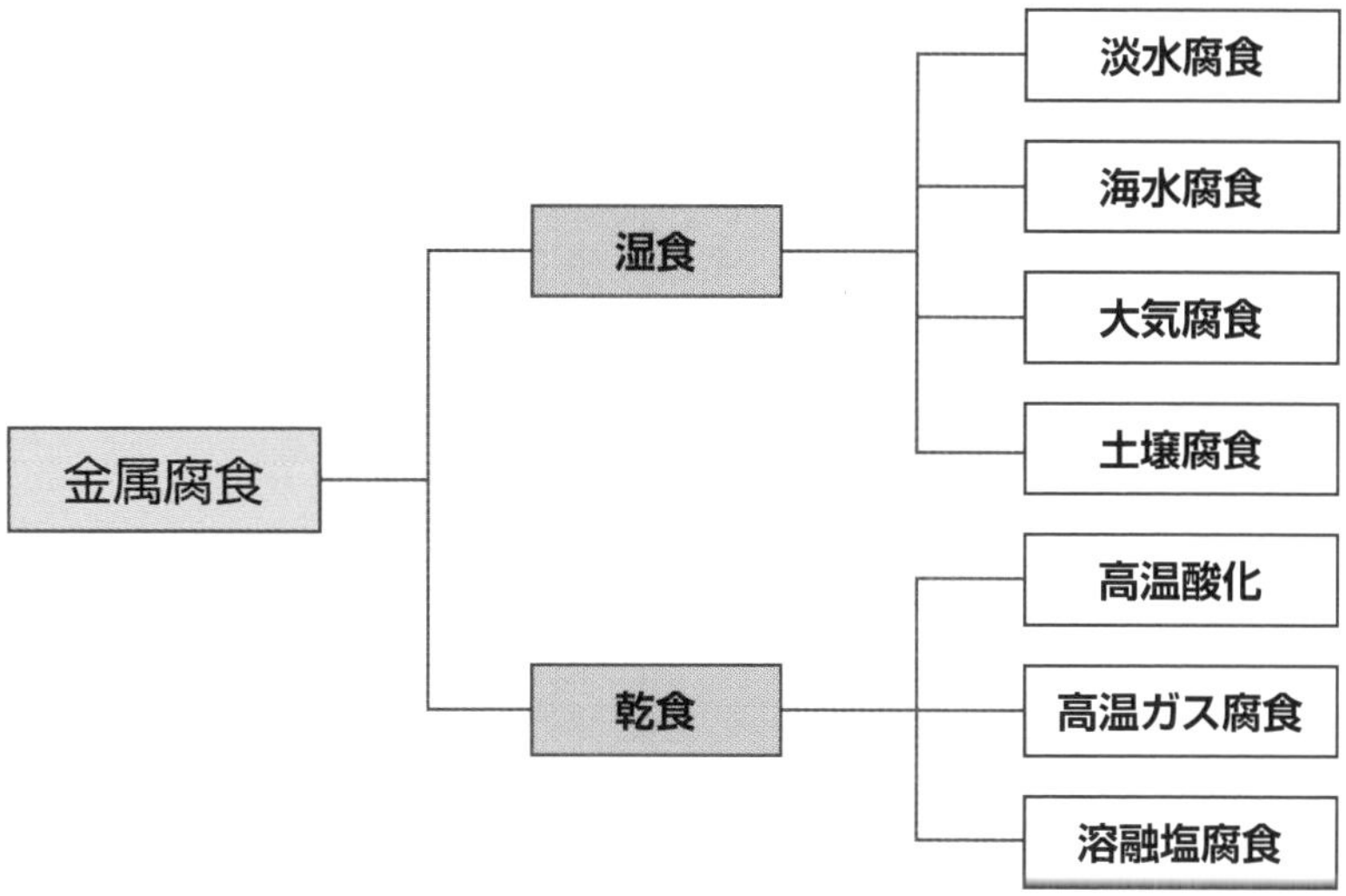

金属腐食の形態による分類

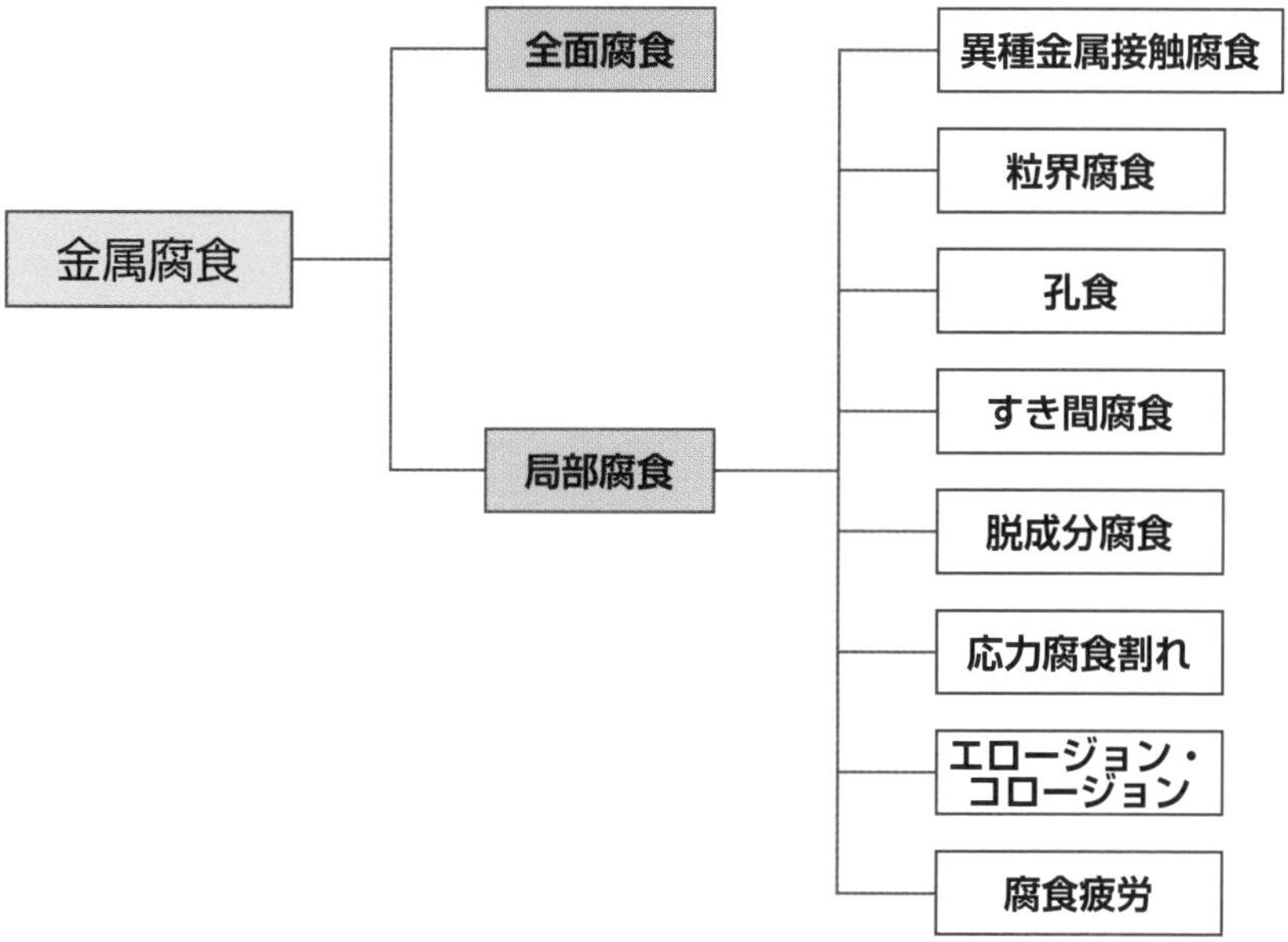

18 湿食と乾食

水分が関与するか否か

金属腐食は、発生する環境によって、水が関与することで電気化学反応が起こり金属腐食が進行する湿食と、水が関与せずに高温の大気、あるいは反応性ガスによって酸化や窒化、硫化して金属腐食が進行する乾食に大別されます。英語では、湿食のことをWet Corrosion、乾食のことをDry Corrosionとそれぞれ呼びます。

水と酸素によって鉄に発生する赤さびのように、私たちの身の周りで発生する金属腐食の多くは、湿食によって発生しています。湿食は、水の存在下での金属のイオン化から始まります。湿食は、溶存酸素と呼ばれる水に溶けた酸素や、水素イオンとともに進行します。湿食は、酸素を消費する酸素消費型腐食と、水素イオンが酸化剤として作用する水素発生型腐食の2種類が知られています。このような水に溶けた酸素や水素イオンのことを酸化剤と呼びます。

乾食は、酸素や周囲の雰囲気ガスと、金属材料が直接反応して腐食が進んでいき、温度が高いほど進行が進みます。乾食は、さらに高温酸化と高温腐食に分けられます。

身近な高温酸化の事例として、鉄製のフライパンや中華鍋の表面を覆っている黒さびがあります。黒さびは、鉄が高温に熱せられて、その表面の酸化によって発生した鉄の酸化物で、湿食で発生する鉄の赤さびとは異なるものです。

一方、高温腐食は、腐食性ガスによって、金属表面で硫化や窒化が発生する金属腐食です。高温腐食は、蒸気タービン、ボイラー、自動車、ごみ焼却炉、熱交換器、熱処理炉などの特殊環境下で発生する場合が多いです。金属材料の表面硬化処理として、浸炭処理や窒化処理がありますが、これらの表面処理は金属材料の高温腐食を活用したものです。

要点BOX

- ●電気化学反応によって金属腐食が進行する湿食
- ●高温大気や反応性ガスで金属腐食が進行する乾食
- ●身近な乾食は黒さび

湿食

水が関与して電気化学反応によって
金属腐食が進行

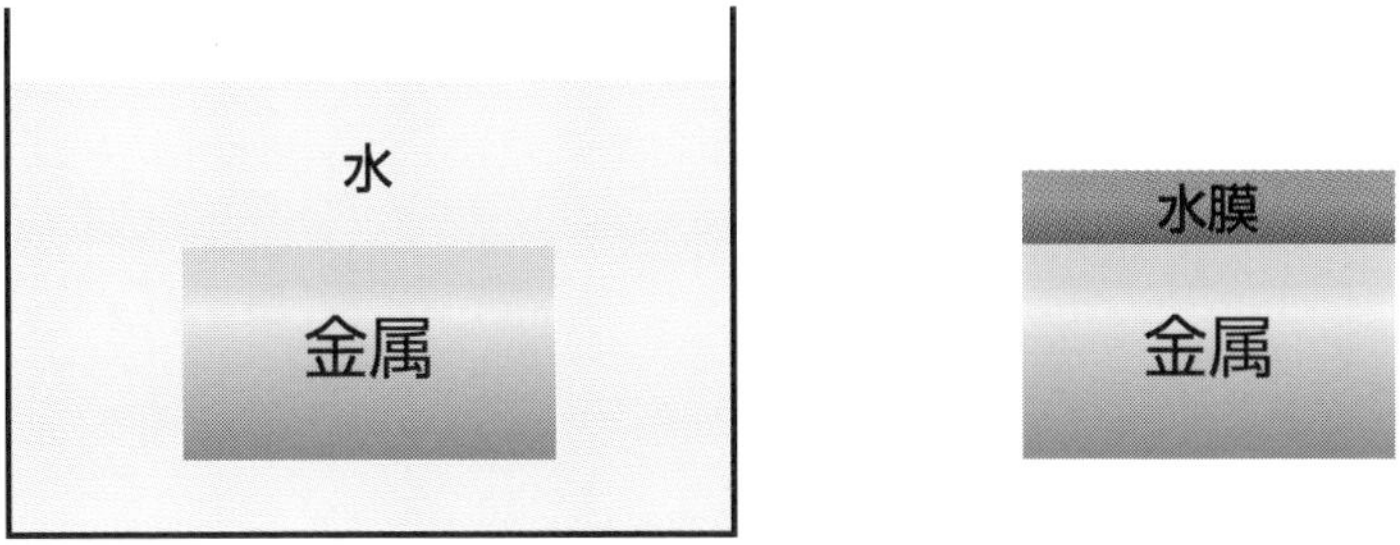
水
金属
水膜
金属

乾食

水が関与せずに高温の大気、
あるいは反応性ガスによって
酸化や窒化、硫化して金属腐食が進行

金属

赤さびは湿食、
黒さびは乾食によって
発生する

19 全面腐食と局部腐食

一様な腐食と局部的な腐食

金属腐食は、その形態で2種類に分けられます。具体的には、金属腐食が金属材料表面で全面的に発生する全面腐食と、部分的に発生する局部腐食です。英語では、全面腐食のことをUniform Corrosion、局部腐食のことをLocalized Corrosionとそれぞれ呼びます。

全面腐食は、均一腐食とも呼ばれ、金属材料がほぼ一様に腐食します。巨視的に一様に腐食する全面腐食は、微視的には不純物が多く存在する部分などが優先的に腐食されながら全面腐食が進行していきます。全面腐食の進行は、局部腐食と比較して穏やかなので、腐食しろを見積もることによって腐食寿命を予測することができます。代表的な全面腐食としては、鉄の赤さびが挙げられます。

局部腐食は、不均一腐食とも呼ばれ、金属材料が局部的に腐食します。局部腐食の要因としては、材料因子、環境因子、応力因子があります。材料因子としては、炭化物や金属間化合物などの析出や組成不均一、環境因子としては濃度や温度の違いなどの腐食環境の不均一、応力因子としては引張応力や繰り返し応力がそれぞれ挙げられます。局部腐食は金属材料が部分的に優先して腐食しますので、全面腐食のようにあらかじめ腐食寿命を予測することが難しいです。そのため、局部腐食による金属腐食が、大きな事故にも繋がってしまう可能性があります。

局部腐食は、その発生メカニズムによってさらに数種類に分けられます。局部腐食の種類においては、金属材料の種類によらずに発生するものもあれば、特定の金属材料でのみ発生するものもあります。また、引張応力が関係して発生する応力腐食割れや、繰返し応力による腐食疲労など、機械的な負荷応力が影響を与える局部腐食も存在しています。これらの局部腐食の発生要因はそれぞれ異なりますので、それぞれの要因に対応した対策が必要になります。

要点BOX

- ●腐食寿命を予測しやすい全面腐食
- ●腐食寿命を予測することが難しい局部腐食
- ●局部腐食は発生メカニズムでさらに分類

全面腐食（均一腐食）

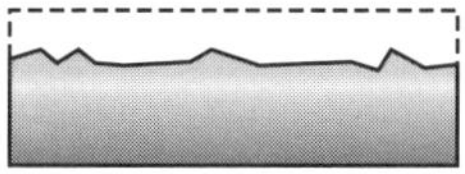

局部腐食（不均一腐食）

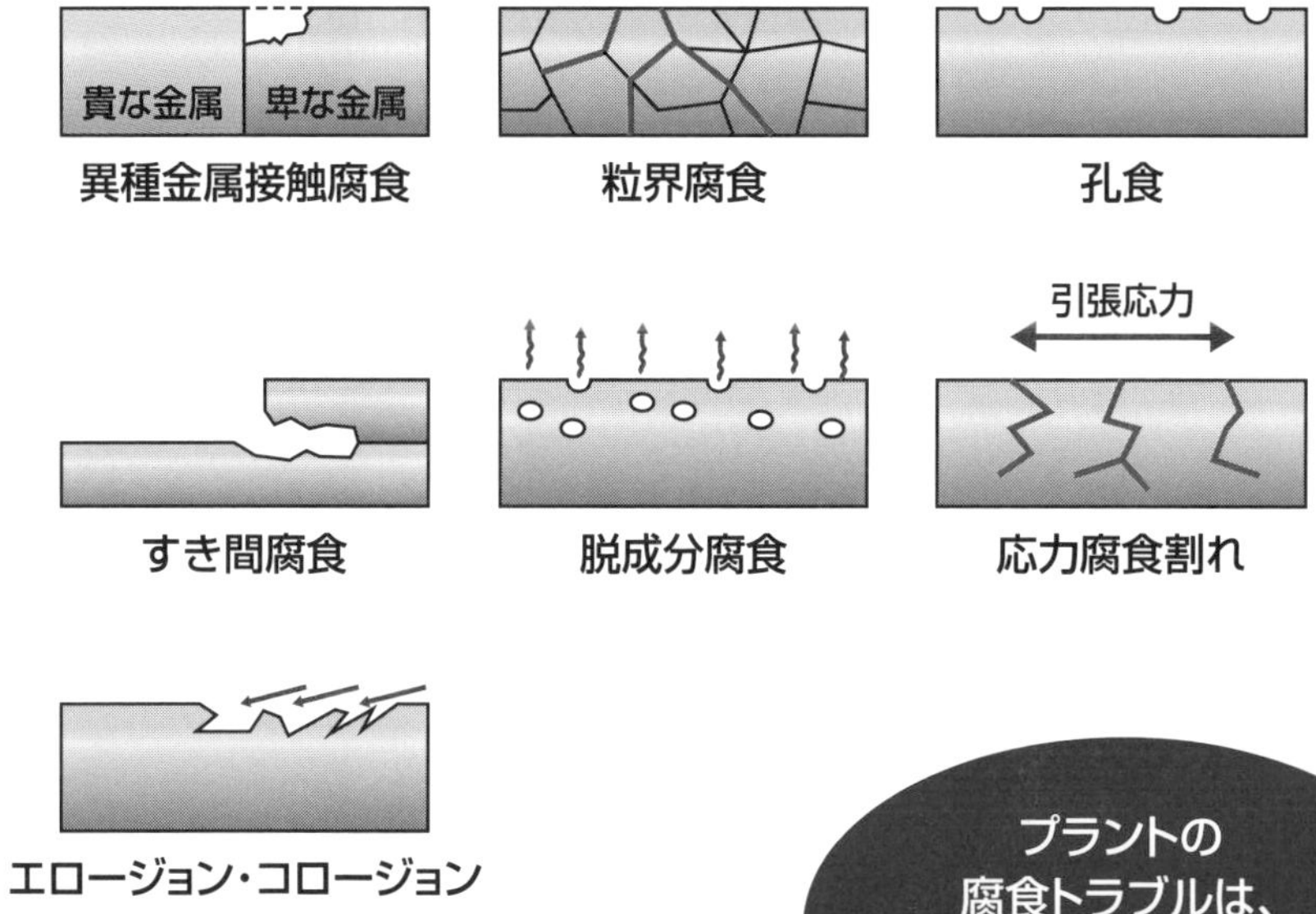

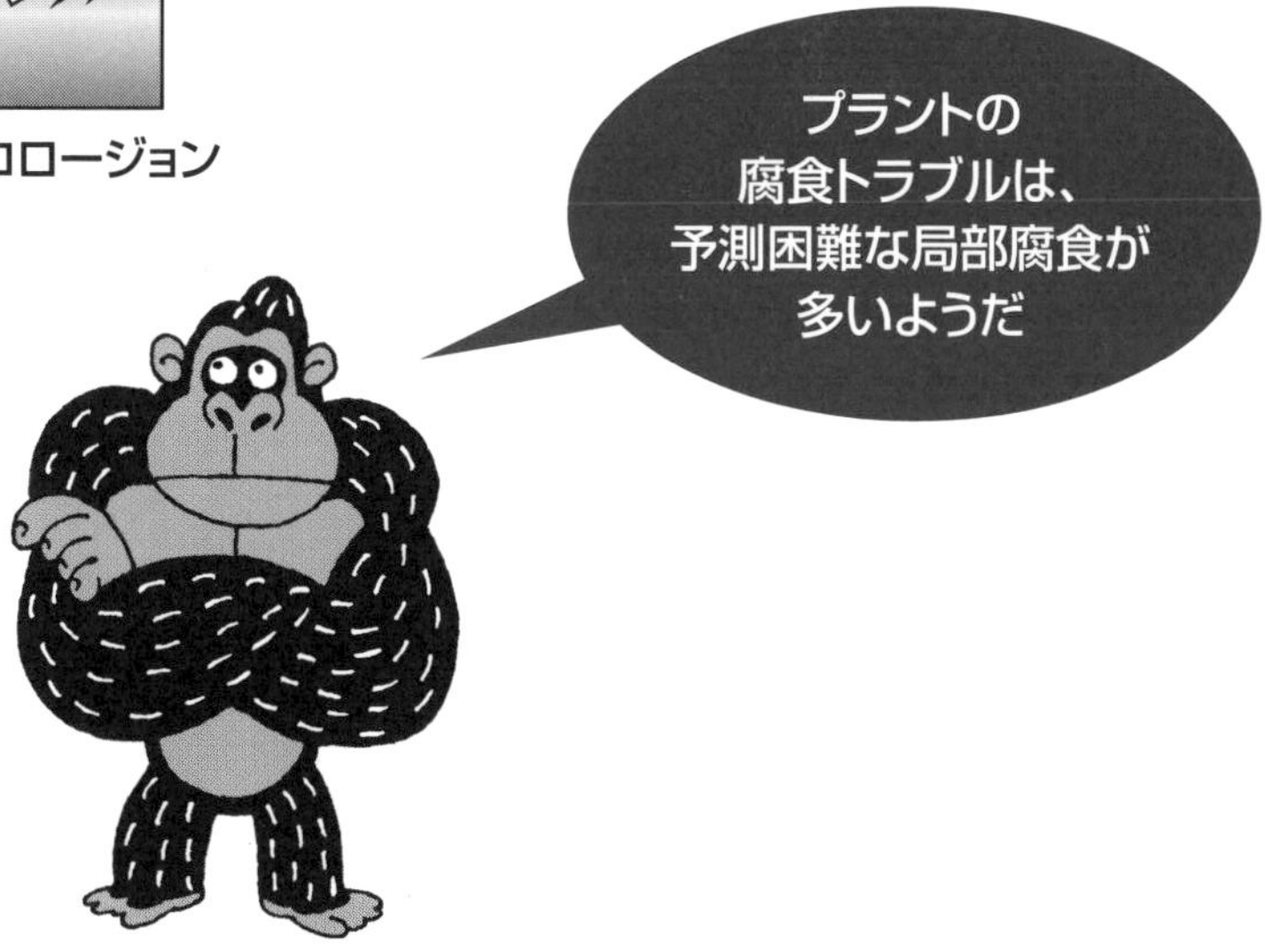

20 異種金属接触腐食

金属間の電位差による局部腐食

異なる2種類の金属材料を接続させた状態で、それらの金属材料が、水が存在する腐食環境に曝されると、金属間の電位差によって局部腐食が発生します。この局部腐食を異種金属接触腐食、あるいはガルバニック腐食と呼び、英語ではGalvanic Corrosionと表現します。ボルトとナットや、リベットによる機械的接合、溶接、水道配管や空調配管の締結など、異なる2種類の金属材料同士を接続する際に、異種金属接触腐食の発生事例は数多くあります。

異なる2種類の金属材料を接続した際に、どちらの金属材料が異種金属接触腐食によって金属腐食してしまうかは、その腐食環境下での腐食電位によって判断できます。この腐食電位を大小の順で並べたものを腐食電位列と呼びます。なお、腐食電位列は、腐食環境に依存しますので、注意が必要です。

異種金属接触腐食は、腐食電位列で腐食電位の低い卑な金属から、腐食電位の高い貴な金属材料に電子が移動し、電子を失った腐食電位の低い卑な金属材料がイオンとして溶液中に溶け出すことによって発生します。この際に流れる電流をガルバニック電流と呼びます。異種金属接触腐食の対策としては、(1)異なる2種類の金属材料の電位差低減、(2)2種類の金属間の電気的な絶縁、(3)卑な金属材料に対する貴な金属材料の面積比を小さくする、などがあります。

近年、銅地金高騰に伴う、銅からアルミニウムへの代替が進んでいます。その代替が進む分野としては、熱交換用の銅配管分野です。既存の銅管とアルミニウム管を接続する場合は、異種金属接触腐食への対策が必要です。また、自動車分野では様々な材料を適した部材に適用する、マルチマテリアル化が進んでいます。今後、自動車のマルチマテリアル化の進展に合わせて、異種金属接触腐食への対策が重要になります。

要点BOX
- 腐食環境下での腐食電位列で判断
- 電位差低減、絶縁、面積比で対応
- 銅代替とマルチマテリアル化

異種金属接触腐食の模式図

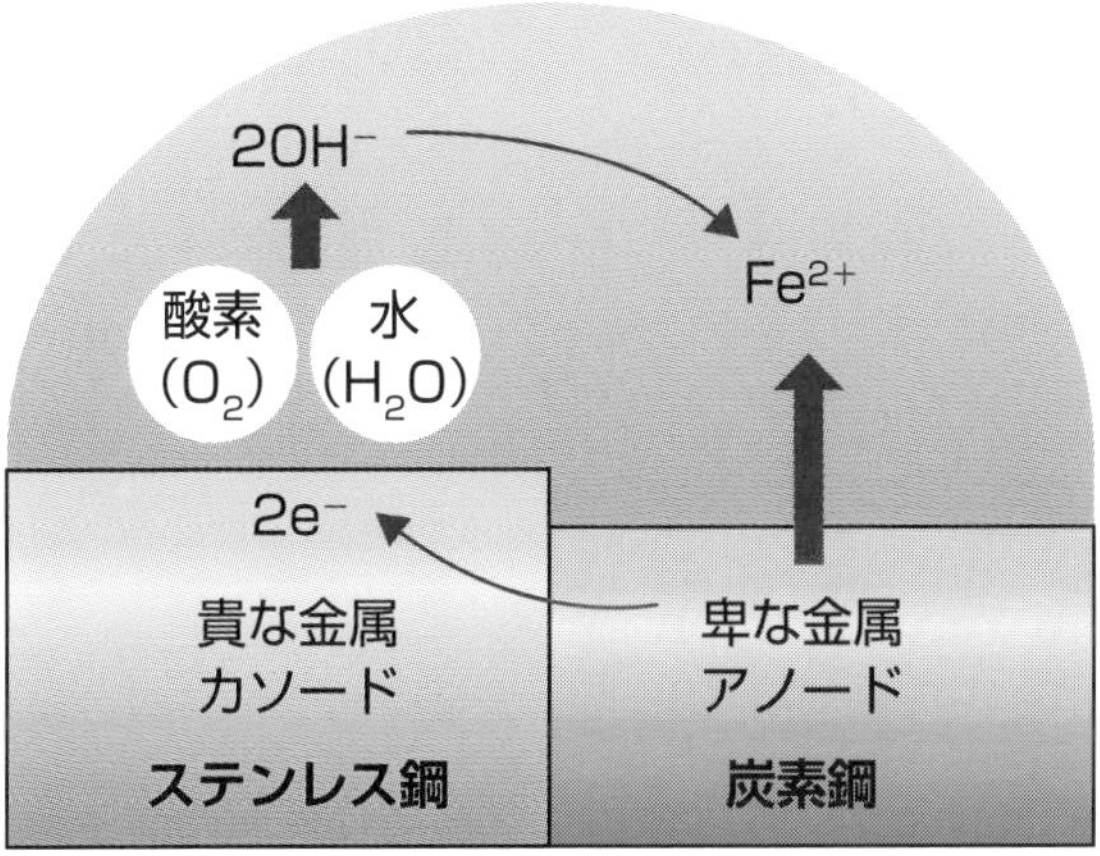

海水中における腐食電位列

金属材料	電位 (V vs SCE)	
亜鉛	−1.03	卑
アルミニウム	−0.76	
炭素鋼	−0.61	
鋳鉄	−0.61	
SUS430(活性態)	−0.57	
SU304(活性態)	−0.53	
ネーバル黄銅	−0.40	
銅	−0.36	
SUS430(不働態)	−0.22	
ニッケル	−0.20	
チタン	−0.10	
SUS304(不働態)	−0.08	
白金	+0.26	貴

21 粒界腐食

結晶粒界が優先的に腐食

一般的な金属材料は、原子が規則正しく並んだ結晶が集まった、多結晶体で構成されています。この多結晶体において、結晶と結晶の境界を結晶粒界と呼びます。結晶粒界は、結晶粒内と比較して不純物や添加元素が偏析しやすい傾向があります。また、結晶粒界は結晶構造の乱れが大きいです。そのため、結晶粒界は、結晶粒内と比較して優先的に金属腐食しやすい傾向があります。このような金属材料の結晶粒界が選択的に腐食する局部腐食のことを粒界腐食と呼び、英語では、Grain Boundary Corrosionと表現されます。

粒界腐食の事例として、オーステナイト系ステンレス鋼の溶接部のクロム炭化物の粒界析出による粒界腐食や、アルミニウム合金の不適切な熱処理による粒界析出による粒界腐食が挙げられます。

オーステナイト系ステンレス鋼の粒界腐食は、加熱によって結晶粒界にクロム炭化物が析出し、その近傍のクロム濃度が低下することによって発生します。例えば、ステンレス鋼を溶接した場合に、その熱影響部で発生しやすいので、溶接劣化とも呼ばれます。このような結晶粒界にクロム炭化物が析出し、その近傍のクロム濃度が低下している状態を鋭敏化と呼びます。対策としては、溶体化処理や炭素含有量の低減があります。

アルミニウム合金の粒界腐食は、銅や亜鉛、マグネシウムを含有するアルミニウム合金で発生します。具体的には、2000系アルミニウム合金のAl-Cu合金や5000系アルミニウム合金のAl-Mg合金で析出物が結晶粒界に析出することにより発生します。対策としては、適切な熱処理を行うことです。

後述する黄銅の応力腐食割れにおいて、その合金組成や塑性加工量によってその割れの進行が結晶粒界/結晶粒内に変化することが知られています。

要点BOX
- ●結晶と結晶の境界で発生する局部腐食
- ●オーステナイト系ステンレス鋼の鋭敏化
- ●アルミニウム合金の粒界析出

粒界腐食の模式図

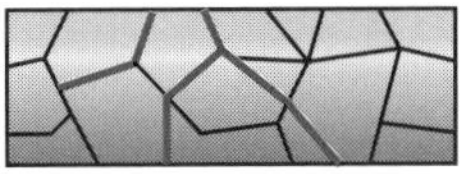

結晶粒内／結晶粒界の模式図

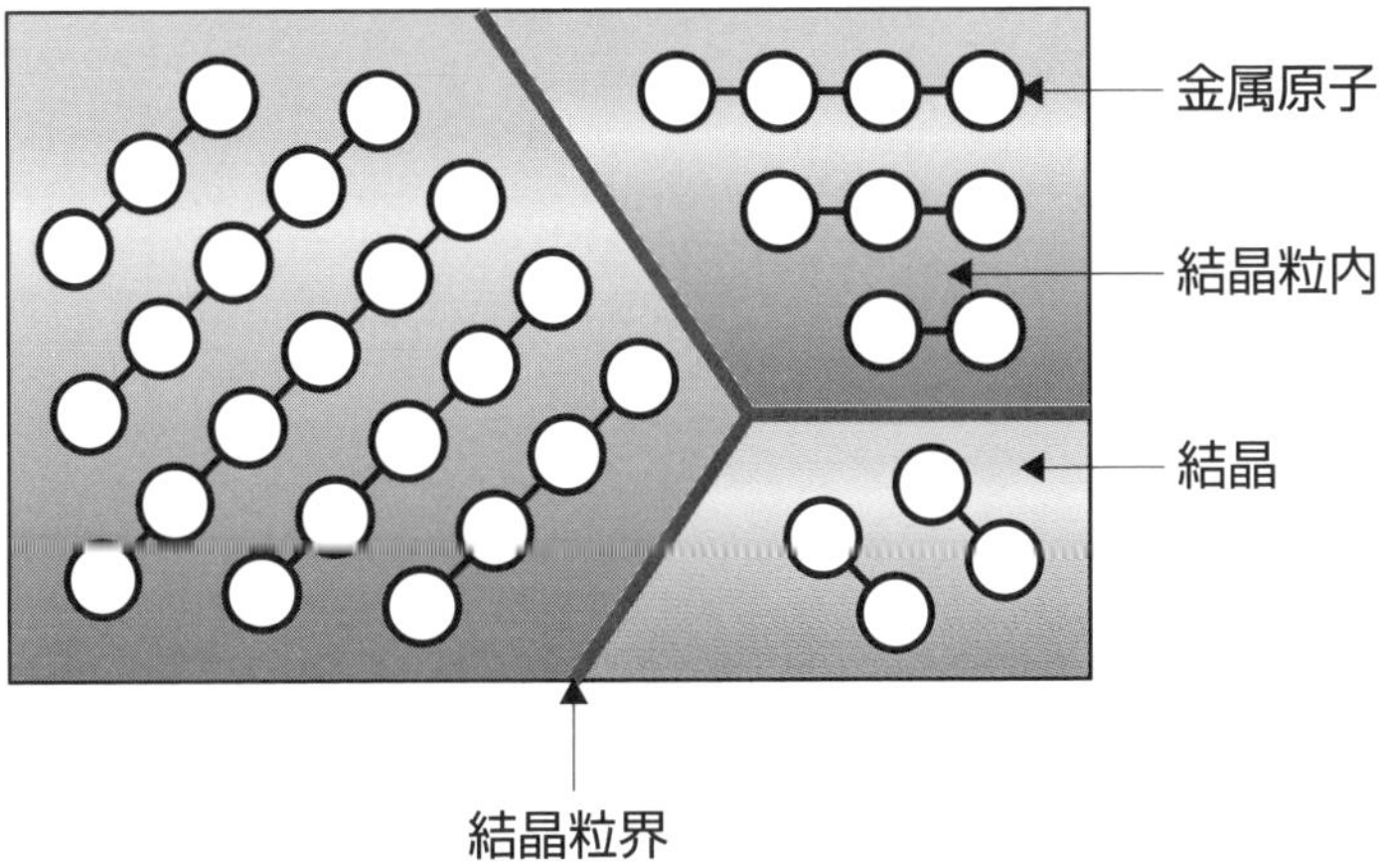

粒界腐食

結晶粒界

・不純物や添加元素が偏析しやすい
・結晶構造の乱れが大きい

⬇

金属材料の結晶粒界が選択的に腐食

||

粒界腐食
Grain Boundary Corrosion

22 孔食

局所的に孔状に腐食が進行

孔食とは、水分を有する腐食環境に金属材料が曝されると、その表面から内部に向かって局所的に孔状に腐食が進行する局部腐食です。孔食によって発生した孔をピットと呼びます。孔食は、英語でPitting Corrosionと表現されます。

孔食は、全面腐食と比較して腐食量は少ないですが、たった1個のピットであっても配管や貯蔵容器、海洋機器で孔食が発生してしまうと、管内や容器内の内容物の漏れが発生してしまうので、重大な事故に繋がります。

孔食は、ステンレス鋼に発生する代表的な局部腐食の1つで、塩化物イオンを含む環境で発生します。ステンレス鋼表面の不働態皮膜がこの塩化物イオンで局部的に破壊し、溶出した鉄イオンやクロムイオンの溶出に伴って、さらに塩化物イオンが濃縮し、その部分の金属腐食が優先的に進行します。例えば、ステンレス鋼の孔食は塩化物を多く含む海水で発生しやすい傾向にあります。

ステンレス鋼の孔食性を見積もる指標として、耐孔食指数（Pitting Resistance Equivalent）があります。その指数は式で定義されています。海水での耐孔食性を得るには、耐孔食指数が35以上必要と言われています。式にもあるように、孔食対策としては、クロム、モリブデン、窒素を含むステンレス鋼を用いることが推奨されています。また、塩化物イオンは海水や沿岸などに多いので、これらの場所では一般的に塗装などの防食が行われます。

孔食は、ステンレス鋼に限らず、非鉄金属材料のアルミニウム合金や銅でも発生します。アルミニウム合金の孔食は、ステンレス鋼と同様に、塩化物イオンが原因で発生します。一方、銅の孔食は、銅管などで発生し、Ⅰ型孔食やⅡ型孔食、マウンドレス型孔食など、水質の違いによってその発生形態が異なると言われています。

要点BOX

- ●腐食量は少ないが重大な事故に繋がる恐れ
- ●ステンレス鋼は塩化物イオンを含む環境で発生
- ●アルミニウム合金や銅でも発生

孔食の模式図

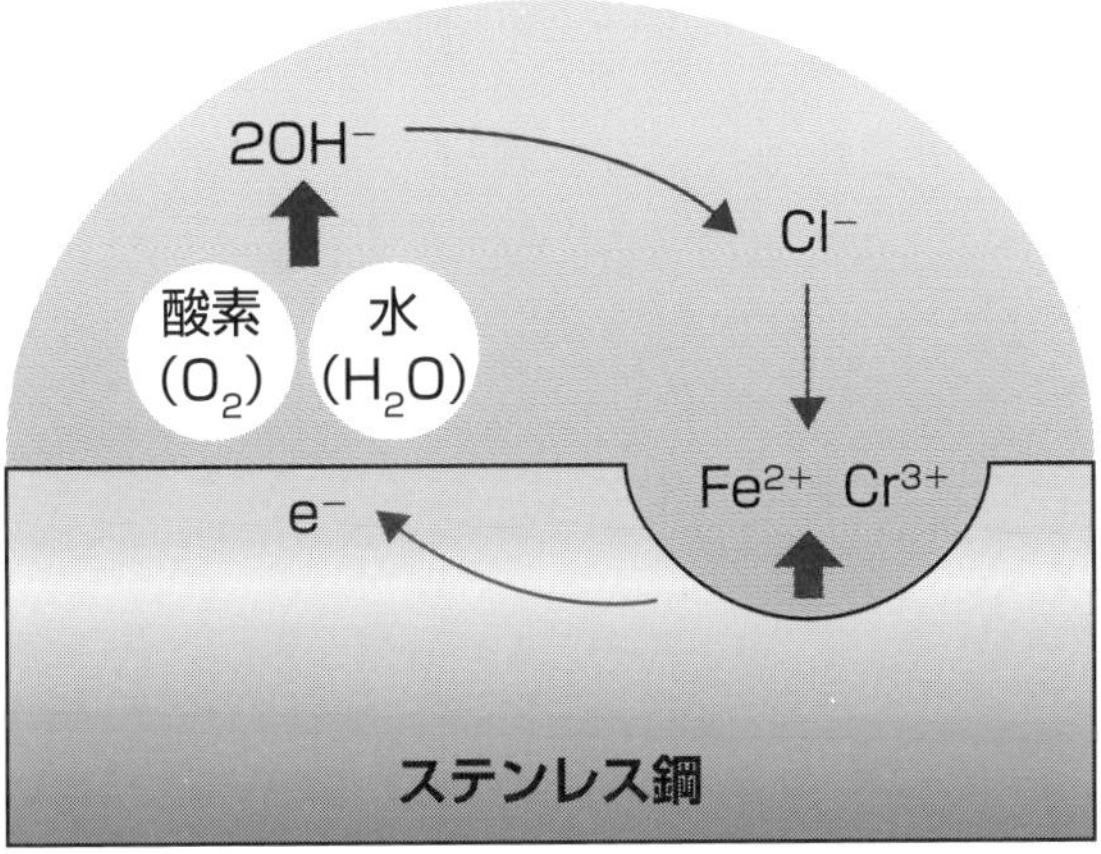

耐孔食指数

耐孔食指数　クロム、モリブデン、窒素がどれだけ含有しているかを見る指数

$$PRE = [Cr] + 3.3[Mo] + 16[N]$$

[　]は重量%

ステンレス鋼	耐孔食指数
SUS304	18
SUS304L	18
SUS316	26
SUS430	16

※耐孔食指数(Pitting Resistance Equivalent:PRE)

23 すき間腐食

すき間部分に局部腐食が発生

ボルト締結部やフランジ継手部、溶接部などの部材同士の締結部分には、大なり小なりすき間が必ず存在します。このようなすき間が存在している金属材料が水を有する腐食環境に曝されると、そのすき間部分に局部腐食が発生します。このような金属腐食をすき間腐食と呼び、英語では、Crevice Corrosionと表現されます。

すき間腐食は、上述のような締結部分に限らず、海水中に浸漬した金属材料表面に付着した貝殻と金属材料のすき間、塗装した金属材料の塗膜とのすき間、ガスケットと金属材料のすき間でも発生します。すき間腐食が発生するすき間の大きさは、おおよそ1ミリ以下の数十ミクロン以下と言われています。

すき間腐食は、ステンレス鋼に発生する代表的な局部腐食の1つで、孔食と同様に塩化物イオンを含む環境で発生します。すき間部分は、その他の部分と比べてステンレス鋼の不働態皮膜の維持に必要な酸素が不足しますので、すき間部分の不働態皮膜が不安定となります。そのため、すき間部分と、酸素が供給されている部分との電池作用によって局部腐食が発生します。その後、すき間部分に溶出した鉄イオンやクロムイオンの溶出に伴って、さらに塩化物イオンが濃縮し、その部分のすき間腐食が優先的に進行します。すき間腐食の発生機構は、孔食と同じなので、ステンレス鋼のすき間腐食の発生しやすさは、ステンレス鋼の孔食性を見積もる指標の耐孔食指数が参考になります。ステンレス鋼のすき間腐食の対策としては、すき間構造にならない設計や、塩化物や酸化剤濃度の低減などが挙げられます。

すき間腐食は、ステンレス鋼に限らず、チタンやアルミニウムなど、不働態皮膜を形成する金属材料に発生します。特に、アルミニウムはステンレス鋼よりすき間腐食が発生しやすいと言われています。

要点BOX

- ●ステンレス鋼は塩化物イオンを含む環境で発生
- ●発生しやすさは、耐孔食指数が参考になる
- ●チタンやアルミニウムでも発生

すき間腐食の模式図

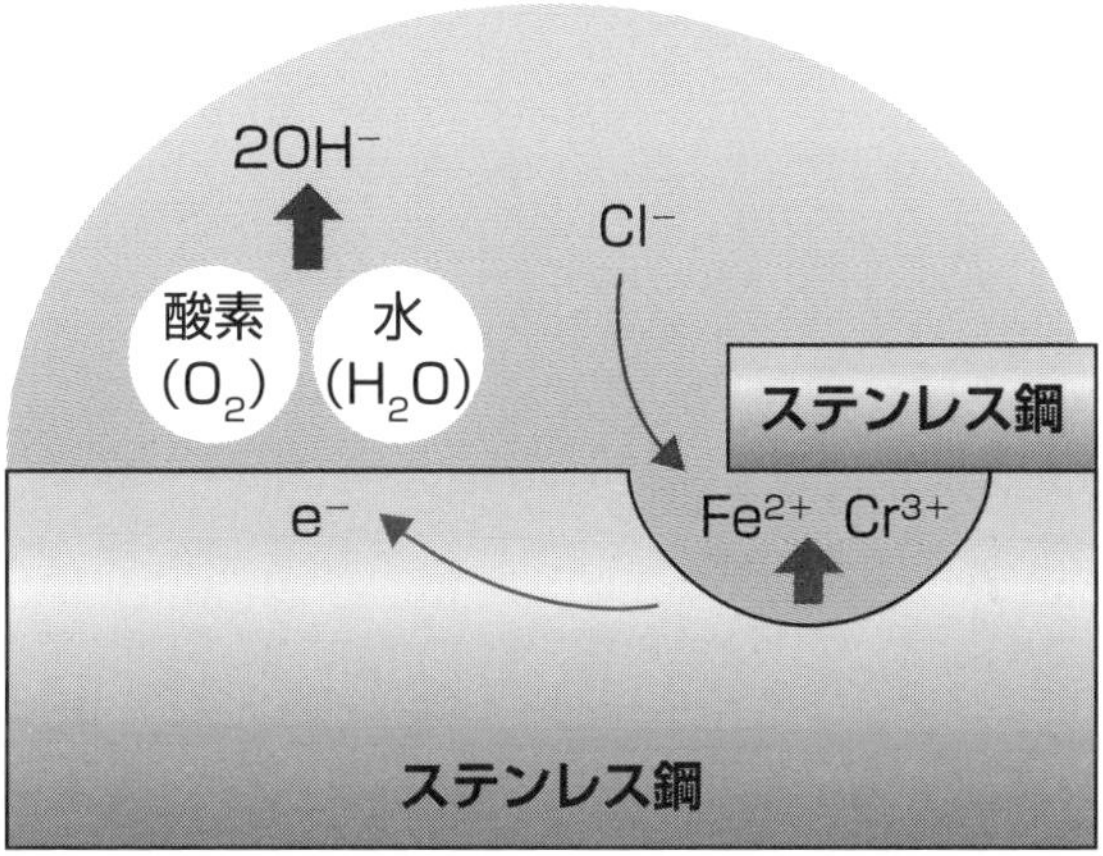

すき間腐食の発生個所

- ボルト締結部やフランジ継手部
- 溶接部などの部材同士の締結部分
- 貝殻と金属材料のすき間
- 金属材料の塗膜とのすき間
- ガスケットと金属材料のすき間

24 脱成分腐食

合金成分が優先的に溶出

一般的に使われる金属材料は、単一の金属からなる純金属で使用することは少なく、多くは異なる数種類の金属を混ぜた金属材料を使用する場合が多いです。この複数の金属を混ぜた金属を合金と呼びます。金属は合金にすることによって、純金属より機械的性質や耐食性などの特性が向上します。この合金成分の特定元素や2種類以上の金属元素によって構成される金属間化合物が、水を有する環境で優先的に局部腐食し溶出してしまう場合があります。この局部腐食を脱成分腐食、あるいは選択腐食と呼びます。英語ではDealloyingやSelective Corrosionと表現されます。

脱成分腐食が発生した合金は、表面色が変化する程度で外観上の変化はあまり大きくありませんが、機械的性質が低下していることが多いです。代表的な脱成分腐食として、海水または淡水中における、黄銅と呼ばれるCu-Zn合金に生じる脱亜鉛腐食があります。脱亜鉛腐食は、合金成分である亜鉛のみが優先的に溶出し、多孔質で脆弱な銅のみが残る脱成分腐食です。亜鉛を40%以上含有するCu-Zn合金では、金属間化合物であるβ相が優先的に溶出します。黄銅は、水栓金具に使用されるので、この脱亜鉛腐食が問題となる場合があります。その際は、黄銅に錫を添加したCu-Zn合金や、熱処理により脱亜鉛腐食が抑制された耐脱亜鉛黄銅が使用されています。脱亜鉛腐食の発生メカニズムは、亜鉛のみが優先的に溶出する選択溶出説と、Cu-Zn合金が溶出した後に銅が析出する再析出説の2つがあります。

黄銅以外に脱成分腐食が発生する金属材料としては、鉄に炭素を2・1%以上含有する鋳鉄と呼ばれる鉄鋼材料や、アルミニウムを含有するアルミニウム青銅などがあり、前者では鉄が優先的に溶出する黒鉛化腐食、後者ではアルミニウムが優先的に溶出する脱アルミニウム腐食とそれぞれ呼ばれます。

要点BOX
- ●脱成分腐食で機械的性質が低下
- ●Cu-Zn合金に生じる脱亜鉛腐食
- ●黒鉛化腐食や脱アルミニウム腐食

脱成分腐食の模式図

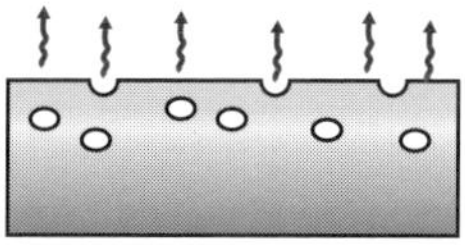

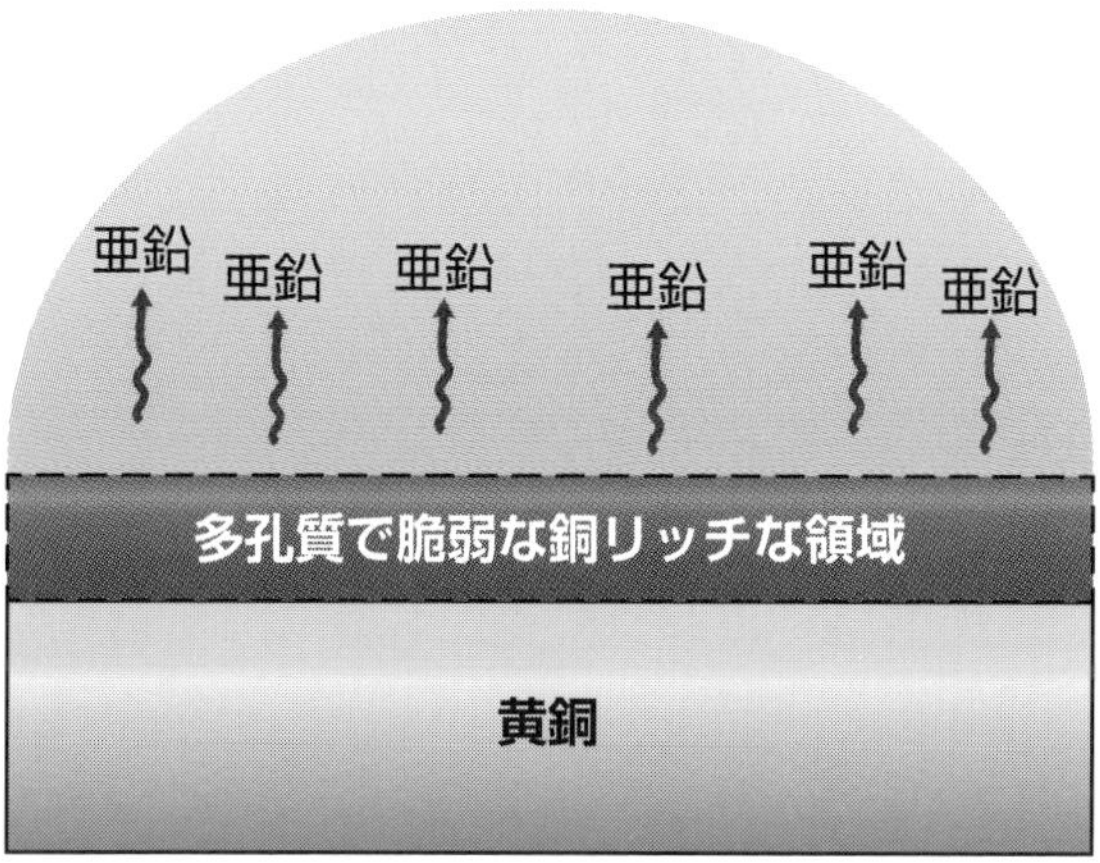

脱亜鉛腐食

- 亜鉛のみが優先的に溶出
- 多孔質で脆弱な銅のみが残る
- 亜鉛を40%以上含有する黄銅では、β 相が優先的に溶出
- 給水バルブなどの水栓金具で問題となる

25 応力腐食割れ

材料・環境・応力の3要素

物体の単位面積当たりに作用する荷重を応力と呼びます。通常、金属材料は締結や溶接されると応力が負荷されます。また、加工や熱処理された金属材料の表面には、外力を除去した後でも存在する残留応力が負荷されています。

応力は、引張の引張応力と圧縮の圧縮応力の2種類が存在します。このうち引張応力が負荷された金属材料が特定の環境に曝されると、割れが発生する場合があります。この割れのことを応力腐食割れと呼びます。英語ではStress Corrosion Crackingと表現され、その頭文字からSCCと略されることもあります。ちなみに、応力腐食割れは、圧縮応力では発生しません。

応力腐食割れは、材料・環境・応力の3つの因子が重なった際に発生することから、これらを応力腐食割れの3要素と呼びます。応力腐食割れが発生しやすい金属材料は、黄銅、ステンレス鋼、アルミニウム合金があります。応力腐食割れの材料因子と環境因子は、金属材料によって異なります。例えば、材料因子は、黄銅では亜鉛含有量、ステンレス鋼では鋭敏化による結晶粒界のクロム濃度低下、環境因子は、黄銅はアンモニア雰囲気、ステンレス鋼は塩化物イオンとなります。

黄銅の応力腐食割れは古くから知られており、特に応力が残留応力の場合は、黄銅製の薬きょうがインドのモンスーン時季に割れが発生したことから時期割れとも呼ばれます。特に、亜鉛含有量が多い黄銅のほうが応力腐食割れしやすく、塑性加工量によって応力腐食割れの亀裂進展が結晶粒内/結晶粒界の違いもあります。黄銅の応力腐食割れ対策としては、300℃前後での低温焼鈍が推奨されています。

ステンレス鋼の応力腐食割れは、特にオーステナイト系ステンレス鋼で発生しやすく、不適切な熱処理や溶接よる鋭敏化によって発生します。

要点BOX

- ●発生しやすい金属材料は黄銅とステンレス鋼
- ●黄銅は亜鉛含有量とアンモニア雰囲気
- ●ステンレス鋼は鋭敏化と塩化物イオン

応力腐食割れの模式図

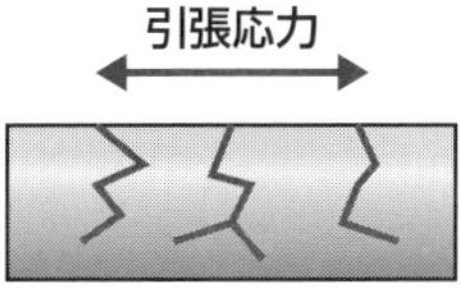

応力腐食割れの３つの因子

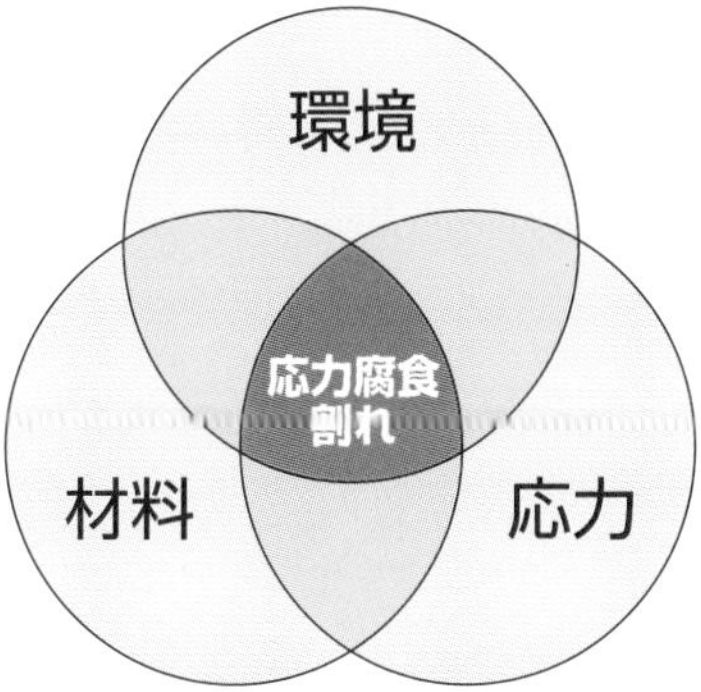

応力腐食割れが発生しやすい金属

	材料因子	環境因子
黄銅	亜鉛含有量	アンモニア雰囲気
ステンレス鋼	結晶粒界の クロム濃度低下	塩化物イオン

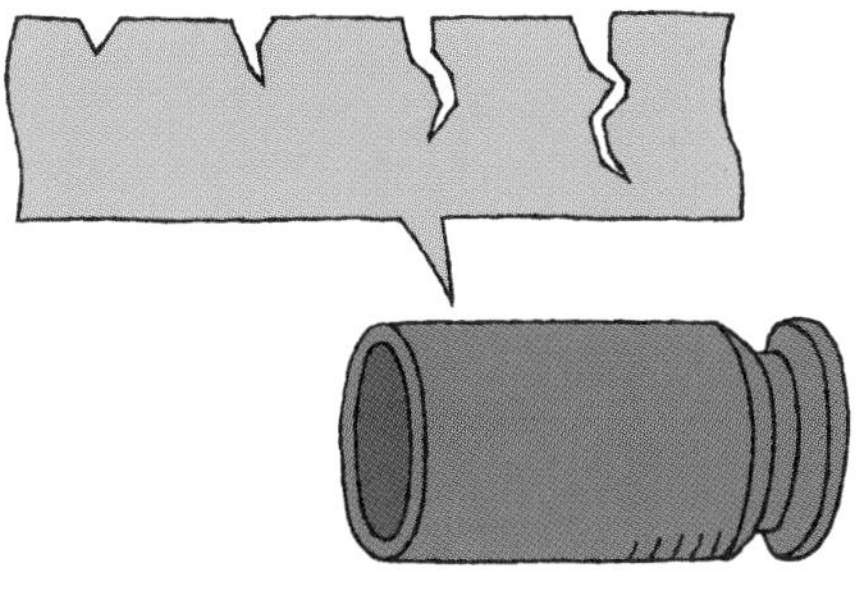

26 エロージョン・コロージョン

機械的な摩耗と金属腐食の相互作用

水が高速で流れる配管の曲がり部や継手部で、その内面が減肉して、場合によっては水漏れにも繋がる場合があります。これは、配管を高速で流れる流体による機械的な摩耗と金属腐食の相互作用によるもので、この浸食のことをエロージョン・コロージョンと呼びます。これを壊食とも言い、英語では、Erosion-Corrosionと表現されます。

エロージョン・コロージョンは、鉄や銅・銅合金で発生することが知られており、特に、給湯・給水の銅配管で生じることが知られています。

水中の銅の表面は、腐食生成物からなる保護皮膜で覆われており、その保護皮膜によって金属腐食が抑制されています。水が流れる配管内部においては、この保護皮膜はエロージョンによって剥がれ落ちてしまい、銅の素地が露出します。これらのエロージョン現象と、金属腐食であるコロージョン現象が繰り返されて浸食し、ひいては貫通穴へと繋がります。鉄におけるエロージョン・コロージョン現象も同じと考えられています。ステンレス鋼がエロージョン・コロージョンに強い理由は、その表面の不働態皮膜が摩耗を受けても直ちに再生されるからです。

上述のエロージョンは、高流速の流体による金属の浸食と言えますが、それ以外に、固体粒子を含む流体の衝突により生じるスラリー・エロージョンやサンド・エロージョン、気泡の消滅により生じるキャビテーション・エロージョンなどがあります。スラリー・エロージョンやサンド・エロージョンは、スラリーを輸送する配管、砂やセラミックス粉体の輸送配管などで発生します。また、キャビテーション・エロージョンは、船舶のスクリューやポンプインペラーで発生しています。

なお、エロージョン・コロージョン現象の複雑さのためか、その定義や発生メカニズムについては、上述以外の見解もあるようです。今後のさらなる研究の進展を待ちたいと思います。

要点BOX

- ●給湯・給水の銅配管で生じる
- ●エロージョン現象とコロージョン現象の繰り返し
- ●スラリー・エロージョンやサンドエロージョン

エロージョン・コロージョンの模式図

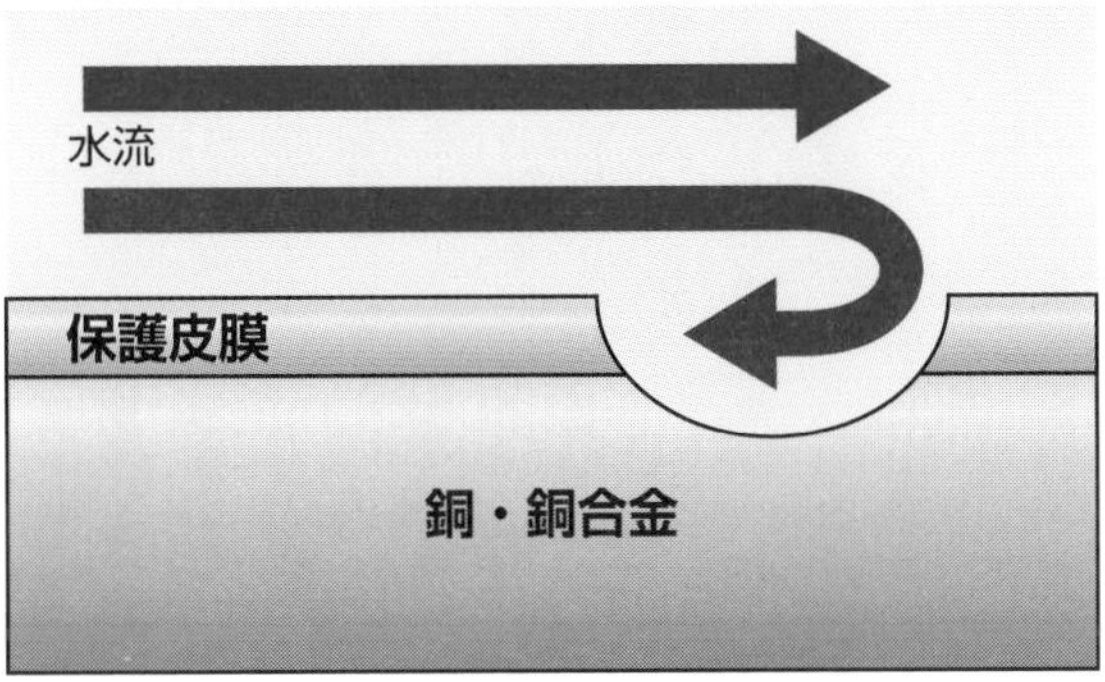

エロージョンの種類

	現象
エロージョン	高流速の流体
スラリー・エロージョン サンド・エロージョン	固体粒子を含む 流体の衝突
キャビテーション・エロージョン	気泡の消滅

27 腐食疲労

金属腐食と金属疲労の相互作用

1回の負荷では破壊しない荷重であっても繰り返して負荷されると、微小な亀裂が発生し、この亀裂が成長して破壊してしまう場合があります。これを疲労破壊と呼びます。繰り返し加わる応力と破断までの繰り返し回数をグラフに表したものを疲労寿命曲線、あるいはS-N曲線と言います。一般的には、一定の応力以下では疲労破壊が発生しなくなります。その応力を疲労限界や疲労限度と呼びます。

金属材料が腐食環境下で繰り返し応力を受けることで発生する疲労現象のことを腐食疲労と呼びます。腐食疲労は、英語ではCorrosion Fatigueと表現されます。

腐食疲労では、金属腐食と金属疲労を同時に受けることで疲労限界が確認されなくなり、金属腐食と金属疲労がそれぞれ個々に作用した場合と比較して、それらより大きな損傷を発生させます。繰り返し応力の種類としては、機械的な振動の他に、温度変化による熱応力もあります。

腐食疲労のメカニズムは、あまり明確にはなっていないようです。腐食疲労は、疲労により進展する亀裂が、腐食環境下での金属腐食によって加速することで発生していると考えられています。

実際に腐食疲労が発生した事例としては、温度変化による熱応力や、通水／停止の繰り返し応力と腐食環境による各種配管、波の強弱による繰り返し応力と海水腐食による海洋構造物などがあります。

腐食疲労は、その進行を把握することが難しいだけでなく、応力から計算される疲労寿命より著しく寿命が短くなりますので、腐食疲労による破壊が突然発生して大きな事故になることも少なくありません。腐食疲労への対策としては、耐食性の優れる金属材料への変更、もしくは防食が挙げられます。

要点BOX

- 個々に作用した場合より大きな損傷
- 各種配管や海洋構造物で発生
- 対策は、耐食性の優れる金属材料への変更や防食

疲労荷重負荷の種類

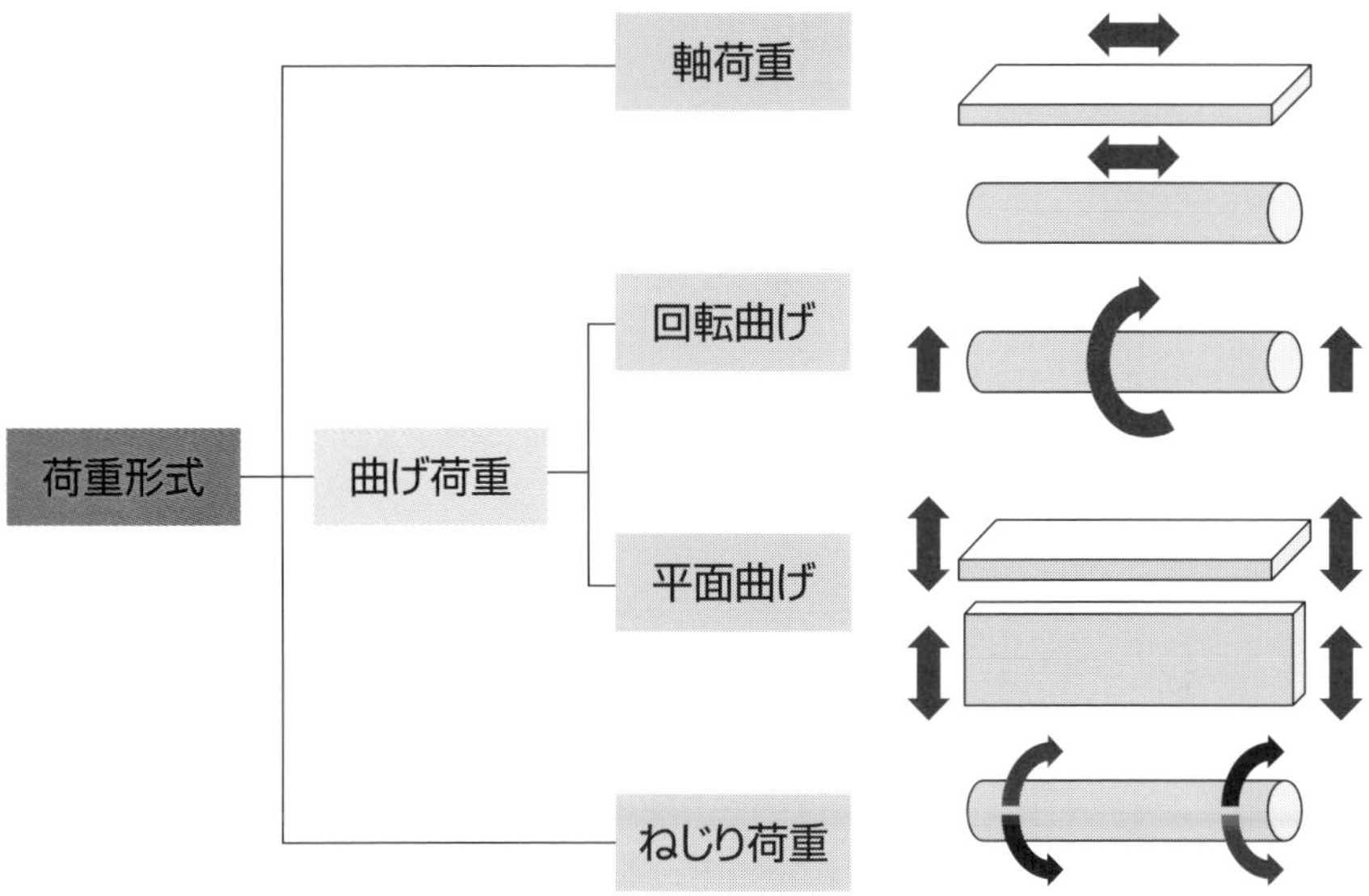

S-N曲線の比較

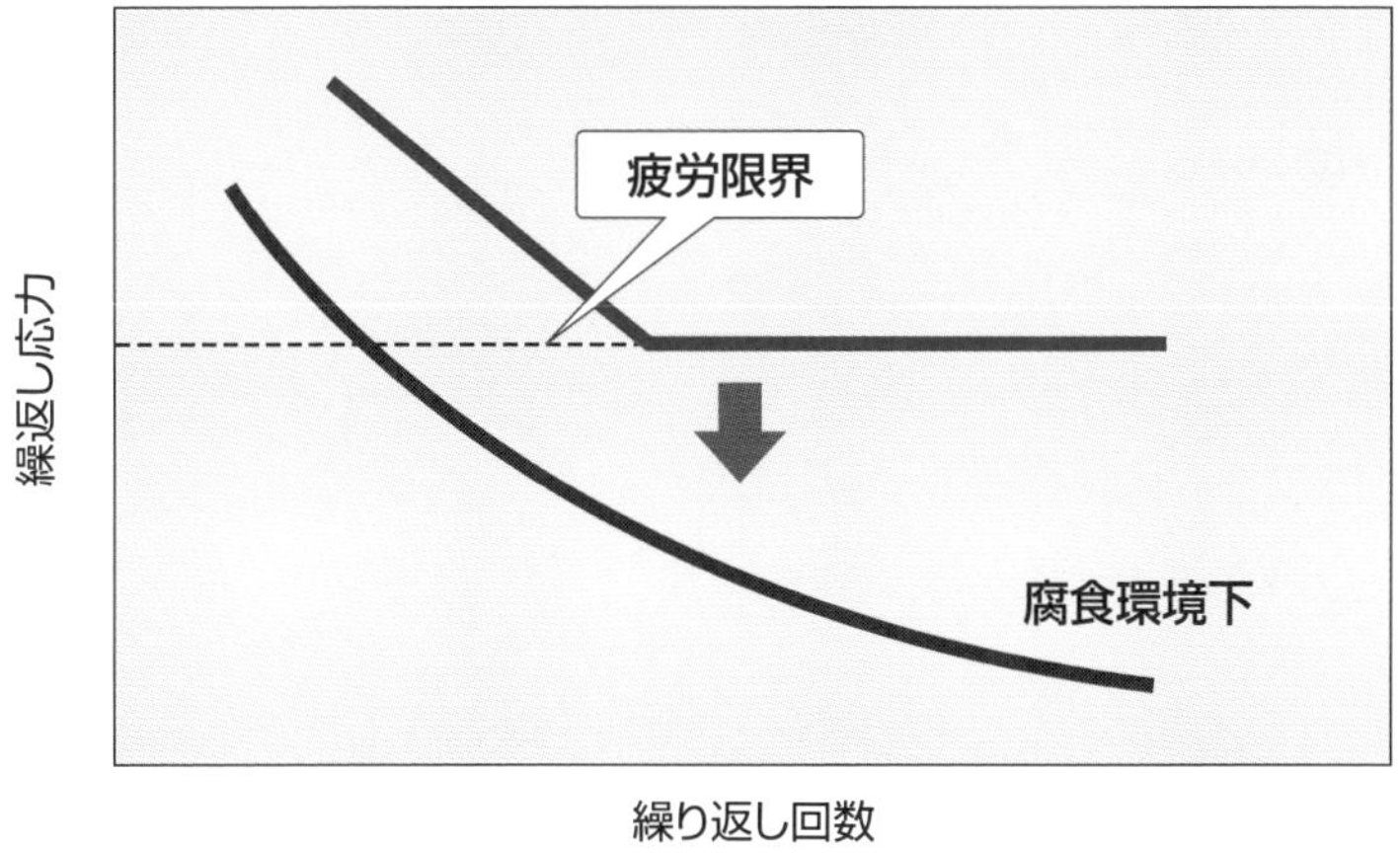

Column

兵隊さんも困った薬きょうの応力腐食割れ

黄銅に代表される銅に亜鉛を含有する銅合金は、引張応力が負荷された状態で腐食環境に曝されると、時間経過と共に割れが発生する、応力腐食割れが起こることが知られています。

黄銅の応力腐食割れは、アンモニア雰囲気で発生することが知られています。黄銅の応力腐食割れのしやすさを応力腐食割れ感受性と呼びます。黄銅の応力腐食割れ感受性は、黄銅に含まれる亜鉛含有量の増加に従って高まります。具体的には、亜鉛を20％含有する黄銅より、35％含有する黄銅の方が高い感受性ということになります。

最も古い応力腐食割れの事例として、19世紀にインドを占領していたイギリス軍の黄銅製の薬きょうと言われています。

薬きょうとは、銃砲で弾丸を撃ち出すための火薬の容器のことです。軍用の薬きょうには黄銅または軟鋼が使用されているようです。モンスーンの季節になると、乾燥した天候に戻るまで、薬きょうを馬小屋に保管しており、その際に薬きょうが割れてしまうことがよくあったようです。その後の調査で、この現象は、塑性加工による引張残留応力が存在する黄銅製の薬きょうが、馬の尿に起因するアンモニアによって割れが発生したと結論づけられました。この時に発生した割れの形態がシーズンクラックと呼ばれる木材を自然乾燥させた際に発生する割れと似ていたことから、応力腐食割れのことをシーズンクラックや時期割れとも呼ぶようになりました。

応力腐食割れの観点から、現在の黄銅製薬きょうには、30％以下の亜鉛を含む黄銅が使用されています。

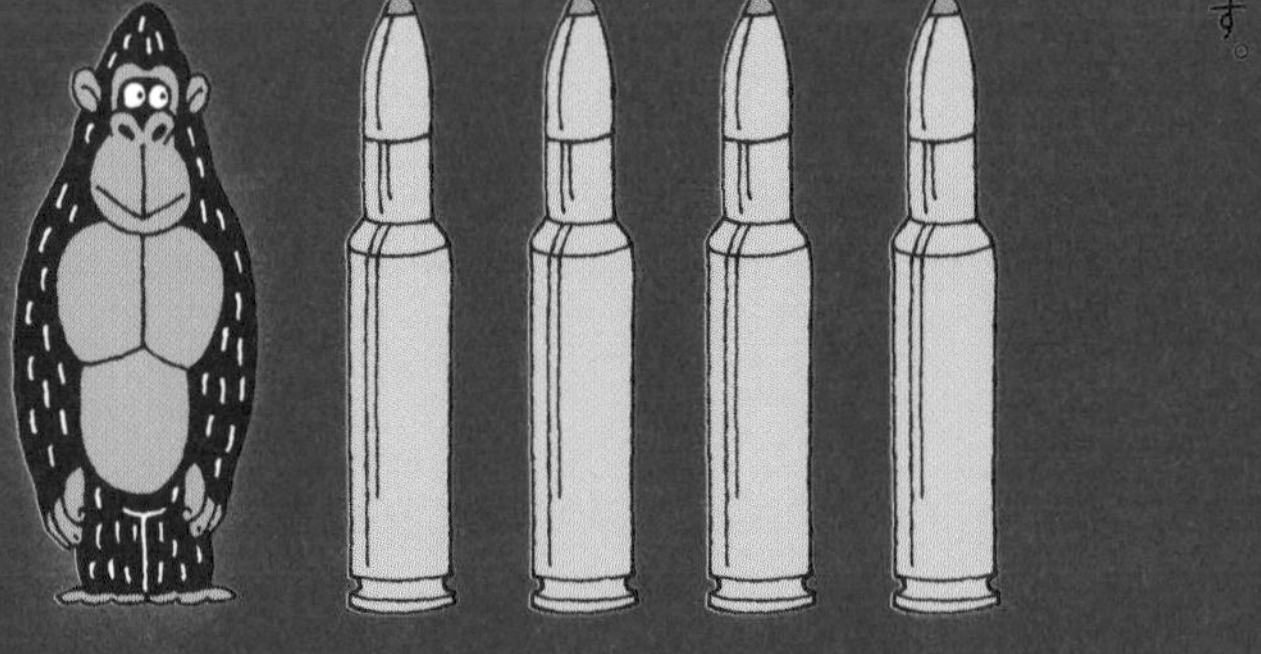

第5章

金属材料の耐食性は?

28 普通鋼

身の周りで様々な用途に使用

鉄を主成分とする金属材料のことを鉄鋼材料と呼びます。鉄鋼材料は、ビルや橋などの建造物の骨組み、自動車のボディー、列車のレール、マンホール、飲料缶など、私たちの身の周りで様々な用途に使用されている金属材料です。

圧延、鍛造といった金属加工を施す前の元材を粗鋼と呼び、その生産量は鉄鋼材料の生産高を示すバロメーターとなっています。2019年の世界粗鋼生産量は約18億7００万トンと、2018年から連続で18億トンを超える膨大な量となっています。粗鋼生産量を他の金属材料の元材と重量ベースで比較すると、アルミニウム地金に対して約30倍、電気銅に対して約70倍となります。

鉄鋼材料の分類方法には様々な種類があり、添加元素の種類による分類もその1つです。具体的には、炭素、ケイ素、マンガン、リン、硫黄を含有する普通鋼と、炭素含有量を規定してクロムやニッケル、モリブデンなどを添加した特殊鋼による分類です。普通鋼は、炭素鋼とも呼ぶ場合があります。

普通鋼は、日本産業規格のSS材、SM材、SB材、SG材、SPH材、SPHT材、SAPH材、SPC材などが該当します。一般構造用圧延鋼材は、SS材と呼び、構造物に使用されます。溶接構造用圧延鋼材は、SM材と呼び、SS材についで多く使われています。冷間圧延鋼板および鋼帯は、SPC材とよび、熱間圧延材を酸洗い後、冷間圧延した鋼板で、厚みは0・15〜3・2ミリが一般的です。

鉄は、アルカリ領域において不働態化して金属腐食が抑制されますが、中性領域では表面に多孔質なさびが生成し、金属腐食が進行します。鉄に発生するさびは数種類あり、代表的なさびとして赤さびと黒さびがあります。湿食で発生する赤さびは$FeOOH$や$Fe_2O_3 \cdot H_2O$で、乾食で発生する黒さびはFe_3O_4からなります。

要点BOX
- ●普通鋼と特殊鋼
- ●中性領域で生成する多孔質さび
- ●赤さびと黒さび

鉄鋼材料の様々な用途

鉄鋼材料の分類

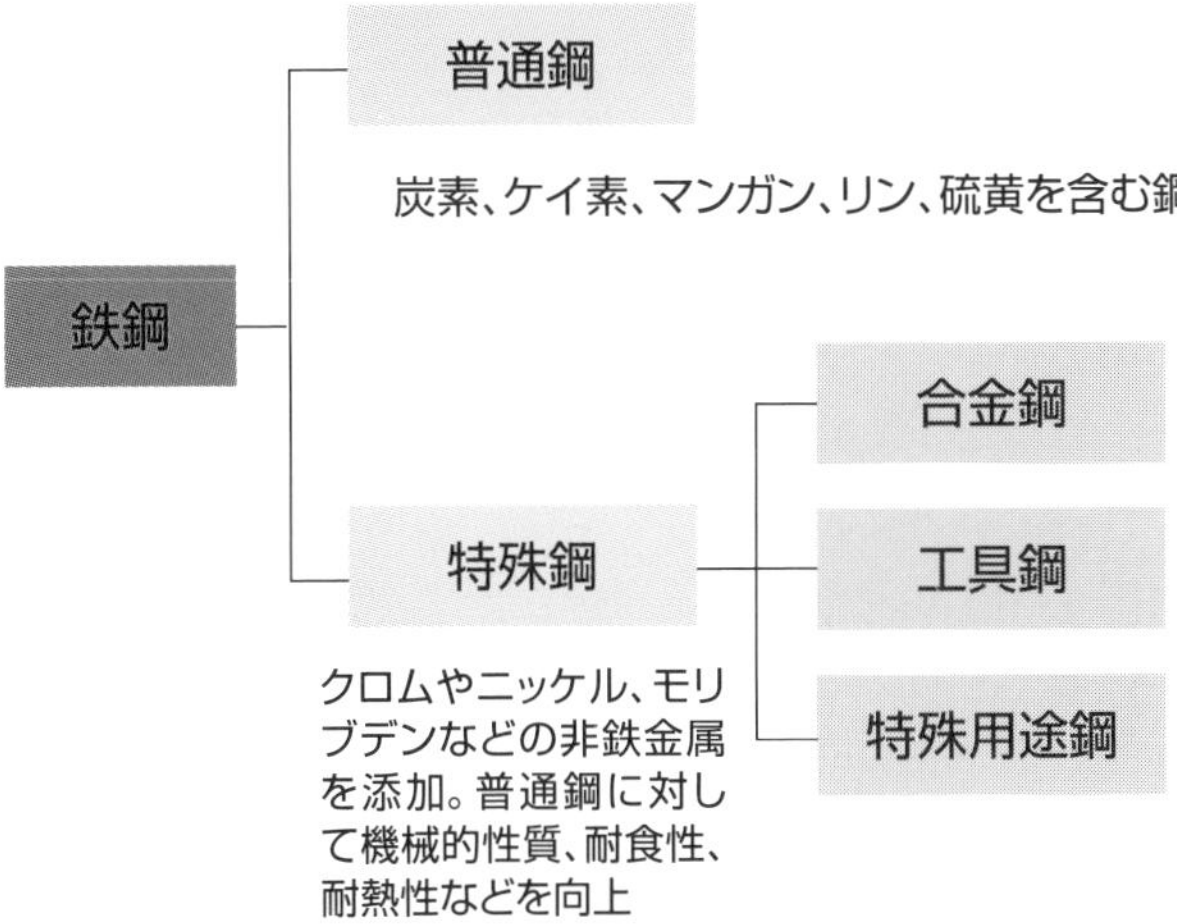

29 ステンレス鋼

クロムやニッケルを含む特殊鋼

クロム、またはクロムとニッケルを含有する特殊鋼の1種で、クロムが11％以上含有する鉄鋼材料をステンレス鋼と呼びます。ステンレス鋼の表面には、不働態皮膜と呼ばれる、クロム酸化物からなる強固な酸化皮膜が生成しているので、ステンレス鋼は耐食性に優れています。そのため、ステンレス鋼は、その高い耐食性を活かしてナイフやフォーク、スプーン、鍋、システムキッチン、公園の滑り台や列車の外装などに使用されています。

ステンレス鋼は、3桁の数字で分類され、それぞれ金属組織の違いで、フェライト系、マルテンサイト系、オーステナイト系、オーステナイト・フェライト系、析出硬化系があります。日本産業規格では、ステンレス鋼として約100種類が規定されています。

フェライト系ステンレス鋼は、クロムを18％含有するSUS430が代表的なステンレス鋼で、冷間加工性も優れており、ニッケルを含有しないため、安価なことが特徴です。

オーステナイト系ステンレス鋼は、クロム18％、ニッケル8％含有を基本とするSUS304が代表となるステンレス鋼で、耐食性と加工性がフェライト系ステンレス鋼より優れています。環境によっては、孔食やすき間腐食、応力腐食割れ、粒界腐食などが発生する場合があります。

オーステナイト・フェライト系ステンレス鋼は、金属組織がオーステナイトとフェライトの混合組織となるようにクロムとニッケルの含有量を調整したステンレス鋼で、2相ステンレス鋼とも呼ばれています。オーステナイト・フェライト系ステンレス鋼は、オーステナイト系ステンレス鋼の課題である粒界腐食や応力腐食割れが改善されています。

析出硬化系ステンレス鋼は、微細な金属間化合物を析出させて高い強度が得られるステンレス鋼で、オーステナイト系より耐食性がやや劣ります。

要点BOX
- クロムが11％以上含有する鉄鋼材料
- 200番、300番、400番、600番で分類
- 約100種類が規定

ステンレス鋼の分類

種類	金属組織・代表的な鋼種
SUS200番系	オーステナイト系 SUS201、SUS202 SUS304、SUS316
SUS300番系	オーステナイト・フェライト系 SUS329J1
SUS400番系	フェライト系 SUS430 マルテンサイト系 SUS403、SUS410、SUS440
SUS600番系	析出硬化系 SUS630、SUS631

ステンレス鋼の様々な用途

ステンレス鋼に発生する金属腐食の種類

	発生する金属腐食
ステンレス鋼	孔食
	すき間腐食
	応力腐食割れ
	粒界割れ

30 銅および銅合金

人類が初めて手にした金属

銅は、人類が初めて手にした金属と言われており、その時期は紀元前7000年から8000年頃と言われています。銅の優れた特性は、銀に次ぐ優れた熱伝導性と導電性を有していることです。そのため、銅はエアコンなどの熱交換機部品、プロの料理人が使用する鍋やフライパン、家庭に電気を供給する電線や電気電子機器の配線に使用されています。また、銅は金と同様に有色な金属なので、装飾用途にも使用されます。

電気銅と呼ばれる銅地金の2019年世界の生産量は約2360万トンで、その生産国の第1位は中国です。電気銅の生産量は年々増加しています。一方、2019年の世界における電気銅の消費量は2400万トンで、電気銅消費国の第1位は中国です。このように、中国は世界一の電気銅の生産国でもあり、消費国でもあります。

銅および銅合金を大別すると、板、条、箔、管、棒、線などの形状に塑性加工する展伸材と、高温で溶かした溶湯を型の空洞に流し込んで冷やして固めた鋳物に分けられます。銅および銅合金種は、銅・高銅系、銅に亜鉛を添加したCu-Zn合金の黄銅系、銅に錫を添加したCu-Sn合金の青銅系、銅にアルミニウムを添加したCu-Al合金のアルミニウム青銅系、銅にニッケルを添加したCu-Ni合金の白銅系に分けられます。

銅・高銅系は、銅の優れた熱伝導性と導電性の特性を活かした用途に使用されています。黄銅系と青銅系は、古くから知られる代表的な銅合金で、鋳物でできた街角のモニュメントや機械部品に使用されます。アルミニウム青銅系も、優れた機械的性質と耐食性を有しているので、機械部品に使用されます。白銅系は、キュプロニッケルと呼ばれる耐食性に優れた銅合金で、様々な化学プラントに使用されます。

銅および銅合金の金属腐食としては、応力腐食割れや脱亜鉛腐食、孔食などが挙げられます。

要点BOX
- ●生産量は年々増加傾向
- ●熱伝導率、導電率が高い
- ●銅·高銅系、黄銅系、青銅系、白銅系

銅・銅合金の分類

銅および銅合金

- 展伸材
  板、条、管、棒、線などの塑性加工可能な伸銅品
- 鋳物
  溶けた金属を鋳型で凝固させて使用

銅・銅合金の様々な用途

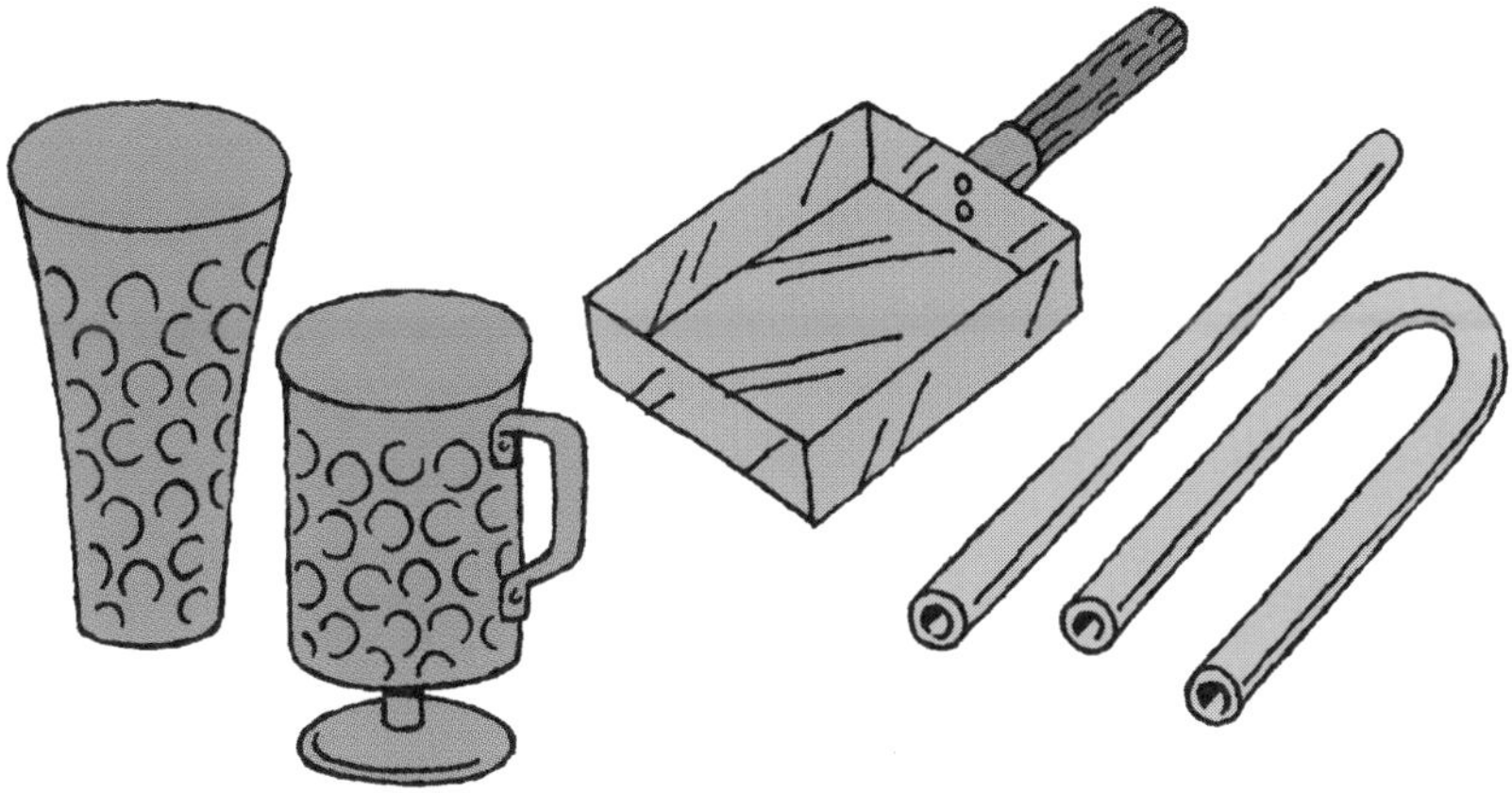

銅・銅合金に発生する金属腐食の種類

	発生する金属腐食
銅・銅合金	応力腐食割れ
	脱亜鉛腐食
	孔食

31 アルミニウムおよびアルミニウム合金

銅と同様に代表的な非鉄金属の1つ

　アルミニウムは、今から200年弱前の1825年にデンマークのエルステッドによって発見されたのが始まりで、比較的歴史の浅い金属材料です。原材料となるアルミニウム地金は、アルミニウム鉱石であるボーキサイトから造られます。その生産量は非鉄金属材料の中で最も多く、2019年の世界におけるアルミニウム新地金の生産量は約6570万トンで、その5割以上は中国で生産されています。

　アルミニウムは、様々な優れた特性を有していることから、銅と同様に代表的な非鉄金属材料の1つであり、近年、最も注目されている金属材料と言えます。

　アルミニウムの優れた特性の1つ目は、その低い密度にあります。密度とは単位体積あたりの重量のことで、鉄の密度が7・9g/cm^3に対してアルミニウムは2・7g/cm^3と、アルミニウムの密度は鉄の3分の1なので、自動車などの輸送機器の軽量化に貢献しています。2つ目の特徴は、銅に次ぐ優れた導電性を有していることです。そのため、銅価格高騰も相成って、銅からアルミニウムへの代替が進んでいます。

　アルミニウムおよびアルミニウム合金を大別すると、板、条、箔、型材、管、棒、線などの形状に塑性加工する展伸材と、高温で溶かした溶湯を型の空洞に流し込んで冷やして固めた鋳物に分けられます。代表的な展伸用アルミニウム合金として、熱処理型合金の6000系Al-Mg-Si合金、7000系Al-Zn-Mg合金およびAl-Zn-Mg-Cu合金、非熱処理型合金の3000系Al-Mn合金、5000系Al-Mg合金が挙げられます。一方、鋳物用アルミニウム合金は、AC3AやADC1のAl-Si系が主流です。

　アルミニウムは、アルカリ領域と酸領域のいずれにおいても金属腐食が発生し、中性付近のpH=4~8の範囲では酸化皮膜により不働態化します。アルミニウムおよびアルミニウム合金の金属腐食としては、孔食や粒界腐食、応力腐食割れがあります。

要点BOX
- ●比較的歴史の浅い金属材料
- ●生産量は非鉄金属の中で最も多い
- ●密度は鉄の3分の1

アルミニウム合金の分類

- アルミニウム合金
  - 展伸材
    - 熱処理型合金
      - Al-Cu-Mg系合金(2000系)
      - Al-Mg-Si系合金(6000系)
      - Al-Zn-Mg系合金(7000系)
    - 非熱処理型合金
      - 純アルミニウム(1000系)
      - Al-Mn系合金(3000系)
      - Al-Si系合金(4000系)
      - Al-Mg系合金(5000系)
  - 鋳物
    - 熱処理型合金
      - Al-Cu-Si系合金
      - Al-Cu-Mg系合金
      - Al-Mg-Si系合金
    - 非熱処理型合金
      - 純アルミニウム
      - Al-Si系合金
      - Al-Mg系合金

自動車に使われる金属材料

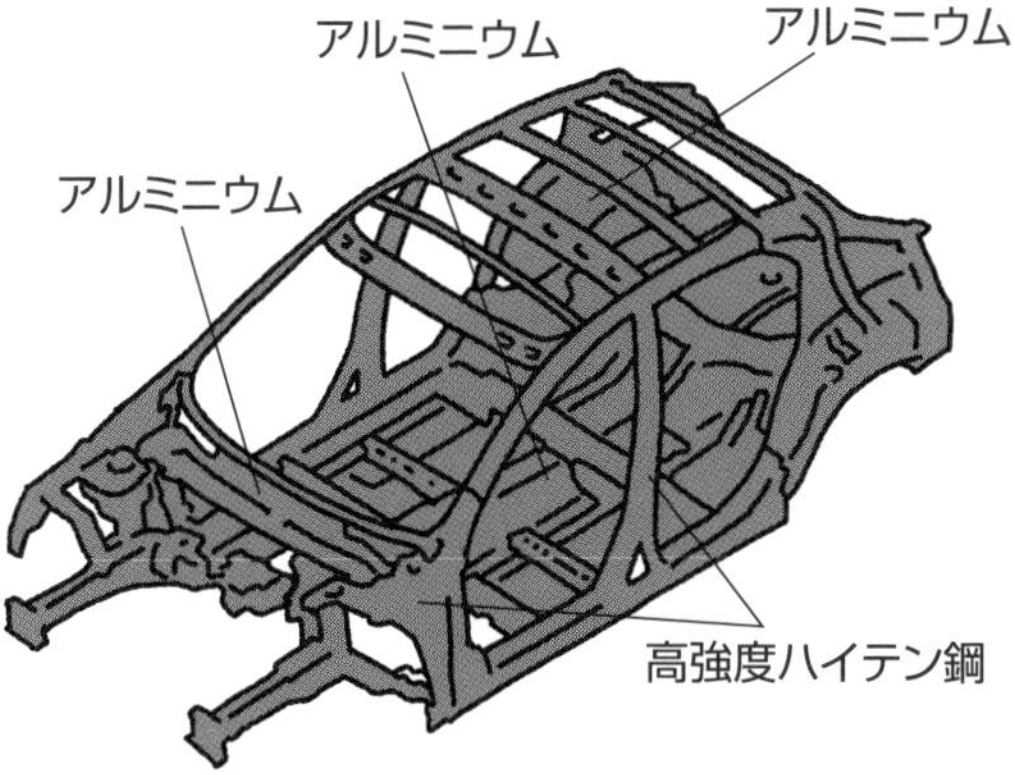

アルミニウムの特性

	密度(g/cm^3)
鉄	7.9
アルミニウム	**2.7**
銅	8.9

	導電率(%IACS)
鉄	17
アルミニウム	**64**
銅	103

アルミニウム・アルミニウム合金に発生する金属腐食の種類

	発生する金属腐食
アルミニウム・アルミニウム合金	孔食
	粒界腐食
	応力腐食割れ

32 チタンおよびチタン合金

ギリシャ神話にちなんで名づけられた金属

ギリシャ神話の巨人タイタンにちなんで名づけられたチタンは、実用化されて間もない非鉄金属材料です。実際にチタンが工業的に実用化され始めたのは、W.Krollによって四塩化チタンを不活性ガス雰囲気でマグネシウムによって還元して溶解原料のスポンジチタンを得るKroll法が発明された以降の1947年頃からです。

チタンの密度は4・54g/cm^3で、鉄とアルミニウムの中間で、軽金属に分類されます。2019年の世界のスポンジチタン生産量は約21万トンと、2013年以来はじめて生産量が20万トンを超えました。

チタンは、その軽量性と耐熱性、耐食性の特性を活かした分野で使用されています。具体的には、軽量性と耐熱性の求められる用途として、航空・宇宙分野の航空機機体部品やエンジン部品に用いられており、中型ジェット旅客機のボーイング787型機では、機体重量の約14%にチタン合金が使われています。航空機に使用される代表的なチタン合金はTi-6%Al-4%V合金です。また、Ti-6%Al-4%V合金は、生体適合性に優れることから、生体医療材料にも多く採用されています。

チタンは、空気中で表面が強固で安定な不働態皮膜で覆われているので耐食性に優れています。チタンの不働態皮膜はステンレス鋼より強固なので、海水中で孔食やすき間腐食が発生しません。また、硝酸などの酸化性の環境においても耐食性が優れています。そのため、化学プラント部品や熱交換機に使用されます。一方、塩酸などの非酸化性の環境においては、条件によってはチタンに金属腐食が発生してしまいます。

その他のチタンの特殊用途として、その耐食性と軽量性から、表面処理によって加飾された浅草寺の瓦や、東京国際展示場（東京ビッグサイト）の屋根材にも使用されています。

要点BOX
- ●1947年頃から工業的に実用化
- ●軽金属に分類
- ●軽量性、耐熱性、耐食性

チタンの用途

- 顔料・塗料
- 耐熱合金
- 建築材料
- スポーツ用具
- 生体材料

など

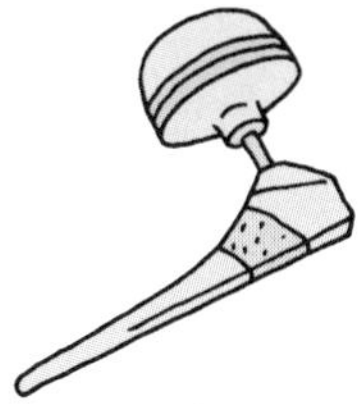

人工骨

屋根材

ドライバーヘッド

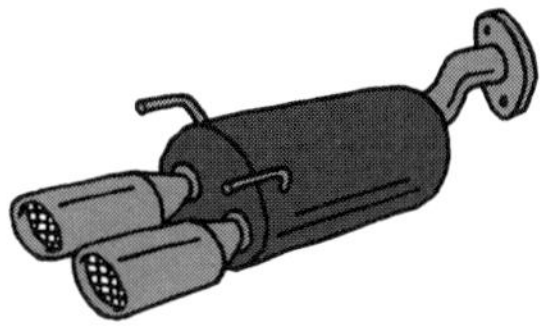

バイクマフラー

チタンの特徴

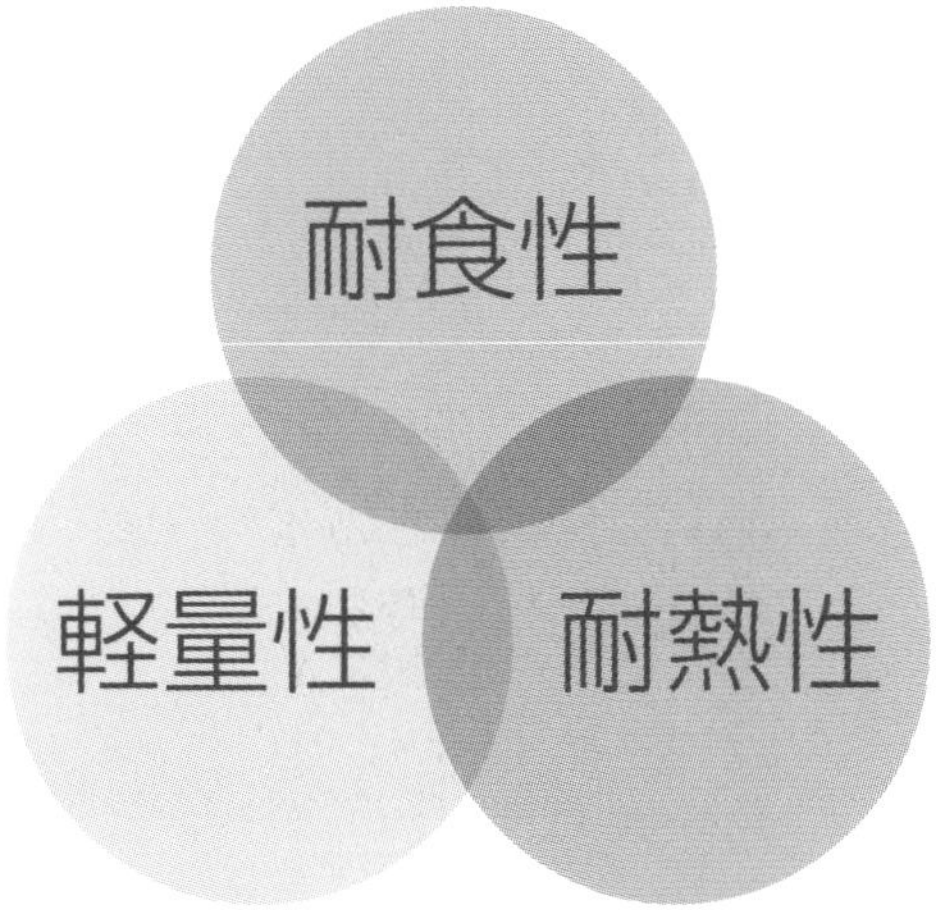

33 亜鉛および亜鉛合金

単体金属として確認が遅れた金属

亜鉛は、単体の金属としての存在が確認されたのが18世紀と遅れましたが、その利用は古くから始まっていました。例えば、紀元前後のローマ人によって、銅と亜鉛鉱石を溶解するとカラミンブラスと呼ばれる深黄色の合金、すなわち、現在の黄銅と呼ばれるCu-Zn合金が発見されたと言われています。亜鉛が単体の金属として確認されるのが遅れた理由は、酸化亜鉛の還元時の温度1100℃に対して、亜鉛の沸点が907℃のため、還元された亜鉛が蒸気となって飛散しやすかったことが原因と言われています。

2019年の世界の亜鉛生産量は約1350万トンと、2011年以降は1300万トン前後の生産量となっています。

亜鉛の最大の用途は、鉄鋼材料の防食用亜鉛めっきです。これは、亜鉛は鉄に対する犠牲防食作用が強いことが理由です。鉄鋼材料に亜鉛めっきを施したものをトタンと呼び、家屋の屋根や外壁に使用されています。また、鉄やアルミニウム、銅より融点が低いことから、亜鉛合金はダイカスト用亜鉛合金として利用され、自動車や家電製品などの各種部品、玩具、日用品に用いられています。

代表的なダイカスト用亜鉛合金にはZDC1とZDC2の2種類があり、いずれも亜鉛に3・5〜4・3%のアルミニウムと0・02〜0・06%のマグネシウムを添加したZn-Al合金がベースとなっています。ZDC1はさらに銅が0・75〜1・25%添加されています。アルミニウムは強度、流動性を向上させる効果、マグネシウムは耐食性を向上させる効果、銅は強度と耐食性を向上させる効果があります。

亜鉛は、pHの範囲が6〜12の範囲のみで耐食性を有しており、酸性領域でもアルカリ領域でも金属腐食が発生します。そのため、亜鉛および亜鉛合金を構造材料として使用する場合は、塗装やめっきなどの被覆防食が施されることが一般的です。

要点BOX
- ●最大用途は鉄鋼材料の防食用亜鉛めっき
- ●代表的な亜鉛合金はZDC1とZDC2
- ●酸性領域でもアルカリ領域でも金属腐食が発生

様々な亜鉛

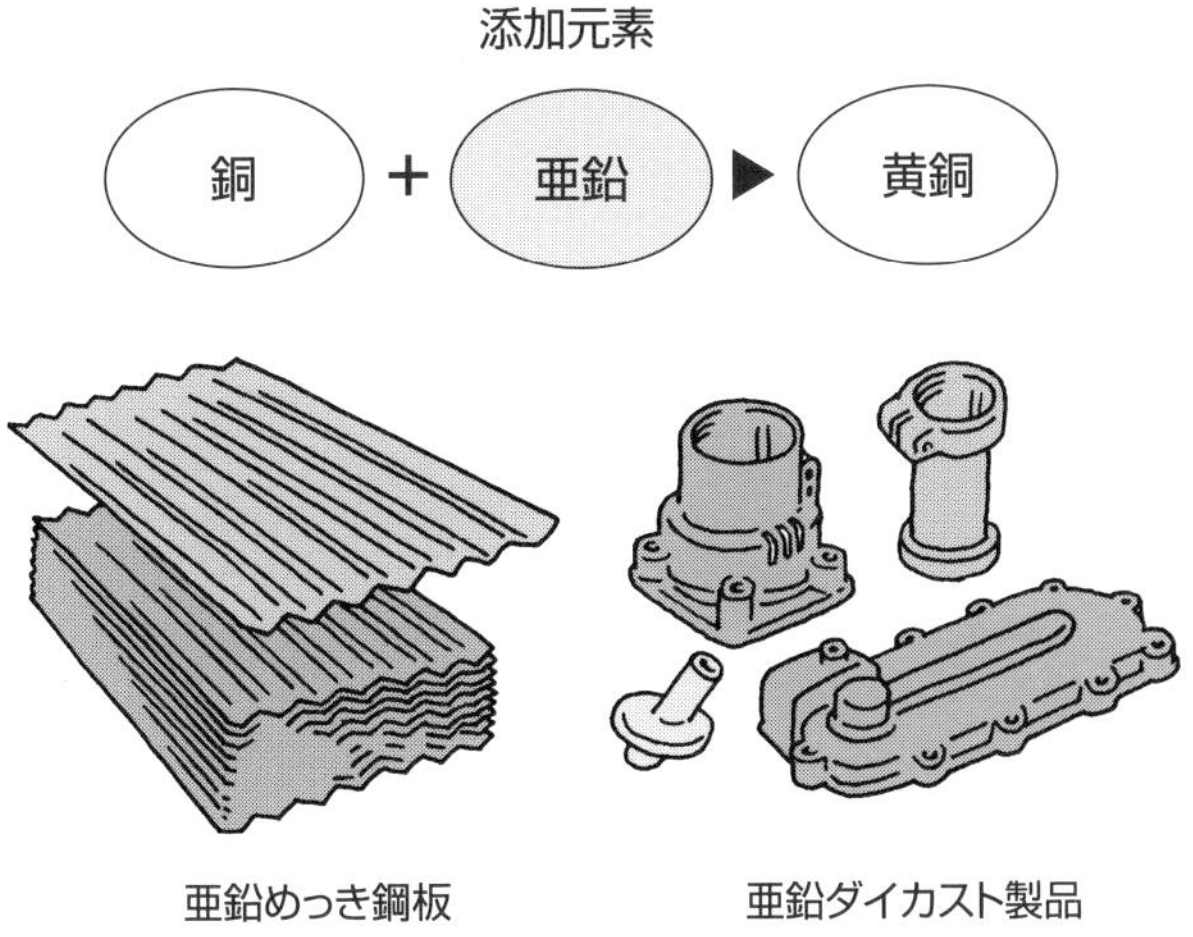
添加元素
銅
＋
亜鉛
黄銅
亜鉛めっき鋼板
亜鉛ダイカスト製品

亜鉛の用途

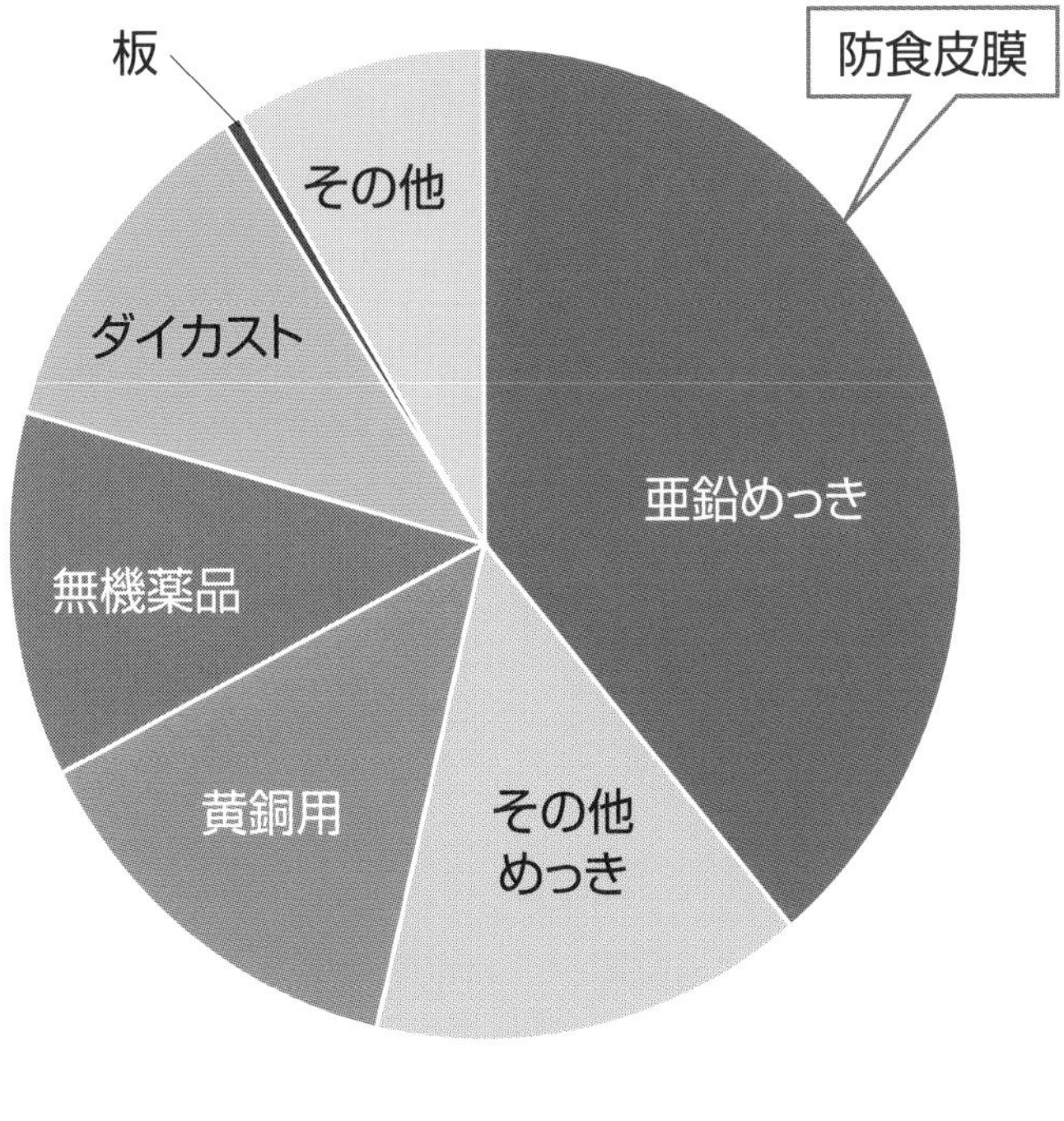
防食皮膜
板
その他
ダイカスト
亜鉛めっき
無機薬品
黄銅用
その他
めっき

34 ニッケルおよびニッケル合金

ステンレス鋼の開発以降、需要増大

ニッケルは、「悪魔の銅」という意味のドイツ語「Kupfernickel」に由来して名付けられており、これは、赤褐色の銅鉱石と間違えてニッケル鉱石を用いて銅の製錬に失敗したことによると言われています。地球上の地表付近に存在する元素の割合を重量パーセントで表したものをクラーク数と呼びます。ニッケルのクラーク数は0・01%と、ニッケルは地殻に銅と同等、亜鉛より多く存在しています。ニッケルは、19世紀頃からニッケルめっきや、洋白と呼ばれるCu-Zn-Ni合金として食器や貨幣に使用されており、その後、20世紀初めにステンレス鋼が開発されて以降、その産業の発展とともにニッケル需要が増大しています。

フェロニッケル、酸化ニッケルおよびその他の化合物、ニッケル地金のことを一次ニッケルと呼び、その世界の2019年の生産量は約240万トンと、その生産量は2017年以降200万トンを超えています。ニッケルの用途の約70%は、ステンレス鋼への添加材で、フェロニッケルが用いられます。

600℃以上の高温において十分な耐酸化性と高温強度を有する金属材料のことを超合金、あるいは耐熱合金と呼びます。超合金を合金系で大別すると、鉄基、ニッケル基、コバルト基の3種類に分類され、耐熱性と耐食性が共に高いのはニッケル基超合金です。ニッケル基超合金は、鋳造合金と鍛造合金に分類され、ジェットエンジンやロケットエンジン、化学工場などに幅広く利用されています。代表的なニッケル基超合金として、Ni-Cr系のナイモニックやインコネル、Ni-Mo系のハステロイなどがあります。インコネルは耐酸化性に優れており、ハステロイは耐塩酸性を有しています。

また、ニッケルはコネクタや接点の機能めっき、装飾めっき、防食めっきの下地めっきとして広く使用されています。

要点BOX
- 「悪魔の銅」という言葉に由来
- 耐熱性や耐食性が要求されるニッケル基合金
- インコネル、ハステロイ

超合金の分類

超合金
耐酸化性
高温強度

- 鉄基
- ニッケル基
  - ・ナイモニック
  - ・インコネル
  - ・ハステロイ
- コバルト基

ニッケル基超合金の用途(ジェットエンジン)

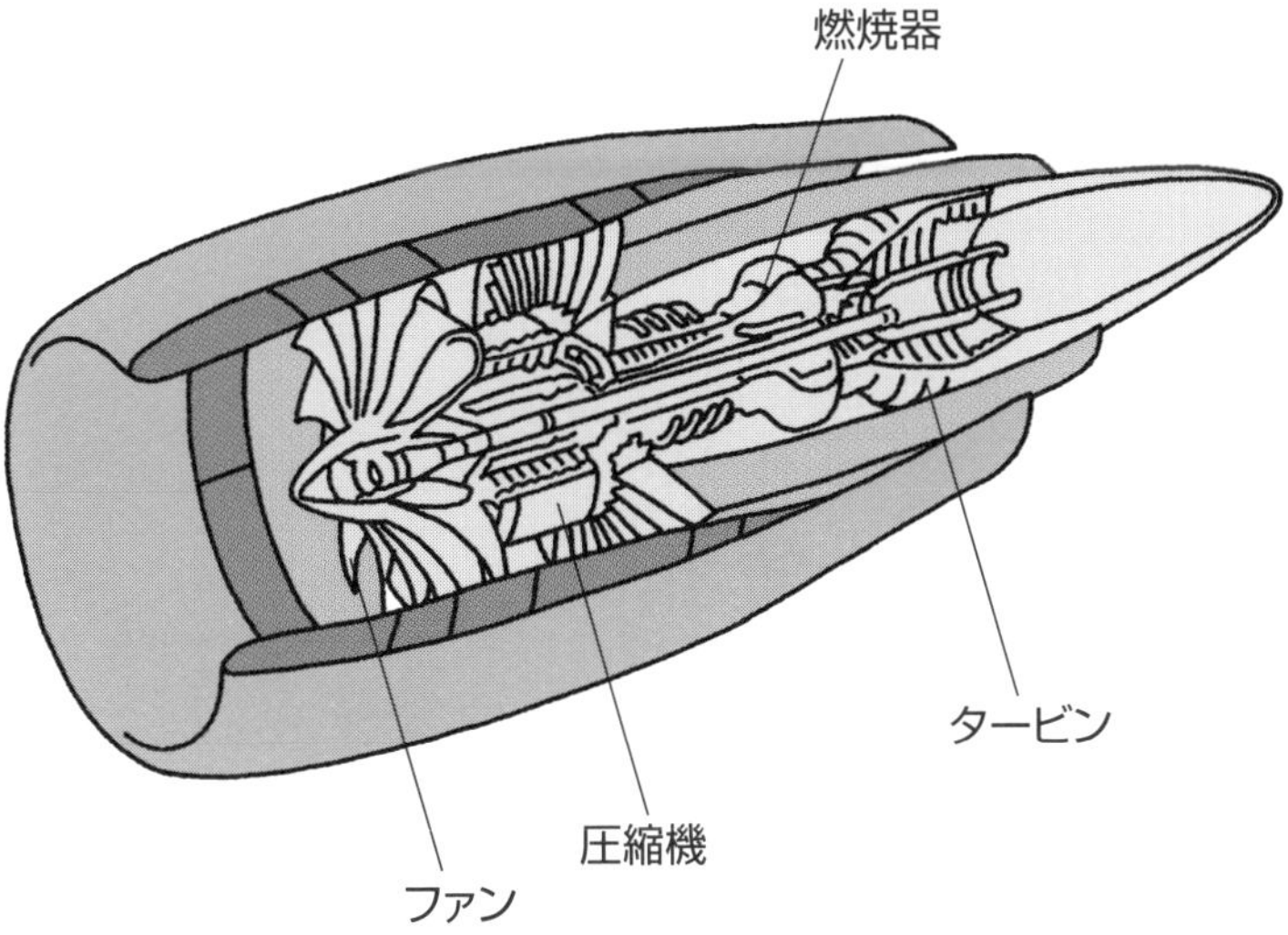

代表的なニッケル基超合金

合金名	合金組成(%)											
	C	Si	Mn	Ni	Cr	Co	Mo	W	Nb	Ti	Al	Fe	その他
Inconel X	0.05	0.4	0.5	残部	15.0				0.9	2.5	0.75	7.0	Cu 0.05
Inconel X750	0.04	0.2	0.2	残部	19.0	-	3.0	-	5.2	0.8	0.6	18.0	Cu 0.1
Nimonic 90	0.08	0.4	0.5	残部	20.0	18.0	-	-	-	2.4	1.4	<5.0	-
Nimonic 100	<0.3	<0.5	-	残部	11.0	20.0	5.0	-	-	1.5	5.0	<2.0	-

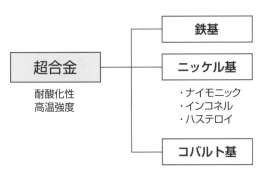

35 貴金属

化学的に安定で資源的に貴重な金属

貴金属とは、「化学的な安定性が高く、イオンになりにくく、高価で資源的に貴重なもの」と定義されています。この条件を満たすのは、金、銀、白金族の白金、パラジウム、ロジウム、イリジウム、ルテニウム、オスミウムの8種類です。これらの元素は、周期表の中央の5から6周期、8から11族に位置します。

貴金属というと、変わらぬ美しさから富の象徴としての財宝や装飾品、美術工芸品をイメージする場合が多いようです。実際、金、銀、プラチナは宝飾用主材料として、パラジウム、イリジウム、ルテニウムは宝飾用主材料への添加元素として、ロジウムは高級宝飾品用のめっきにそれぞれ用いられています。その一方で、貴金属は、それぞれが持つ特性から様々な工業分野にも使用されています。

金は、さびずに電気導電性が高く、加工性に優れていますので、電子機器の電気接点用材料に用いられています。銀は、その需要のうち産業用途が約50%を超えると言われています。銀の導電性と熱伝導性は金属元素の中で最も優れていますので、導電材料や接点材料に多用されています。白金、パラジウム、ロジウムは、自動車の排ガスを浄化する触媒に使われています。イリジウムは、自動車用スパークプラグや単結晶製造用のるつぼなどの用途で使われています。ルテニウムは、垂直磁気記録方式のハードディスクの材料に使用されています。オスミウムは、触媒や万年筆のペン先端に使用されています。

貴金属は、いずれも基本的には化学的に安定であり、耐食性に優れています。金は、標準電極電位が一番高く、金属の中で最も貴な金属です。銀は、硫黄との反応によって表面に硫化銀が形成されて、黒ずむ場合があります。プラチナは、金に近い耐食性を有しています。

要点BOX
- ●宝飾用の主材料
- ●様々な工業分野にも使用
- ●貴金属は化学的に安定で耐食性に優れる

貴金属の用途

元素名	金	銀	白金	パラジウム	ロジウム	イリジウム	ルテニウム	オスミウム
元素記号	Au	Ag	Pt	Pd	Rh	Ir	Ru	Os
用途	宝飾品 金地金 公的需要 電子工業 コイン 歯科、医療	電気・電子 宝飾品 コイン 銀地金 銀器 ろう材	自動車触媒 宝飾品 化学 エレクトロニクス	自動車触媒 エレクトロニクス 宝飾品 歯科	自動車触媒 化学 ガラス	電極	エレクトロニクス	触媒

金の用途

宝飾品

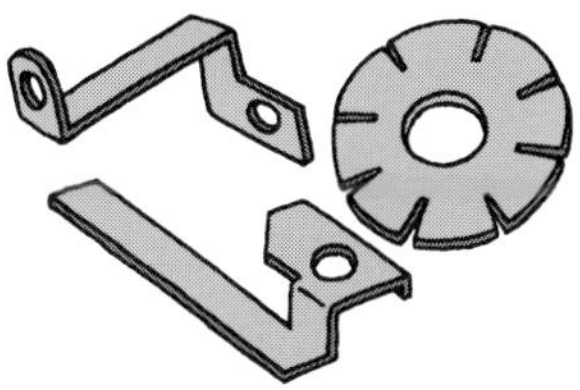
電子・電気製品(金めっき)

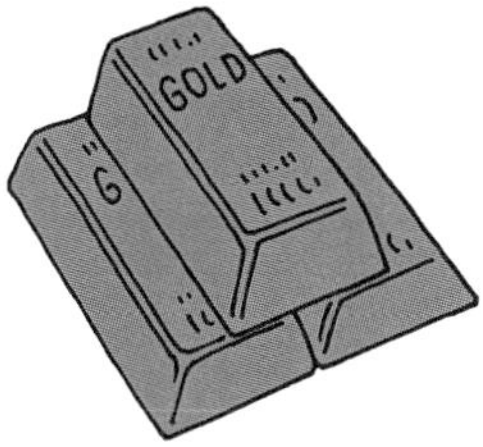

投資商品

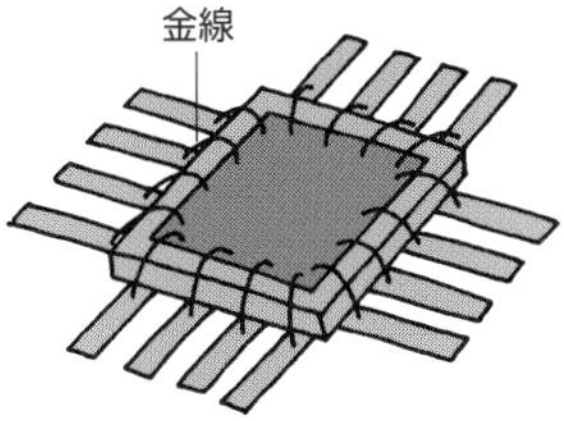

金ワイヤーボンディング

銀の用途

宝飾品

電子・電気製品
(銀めっき)
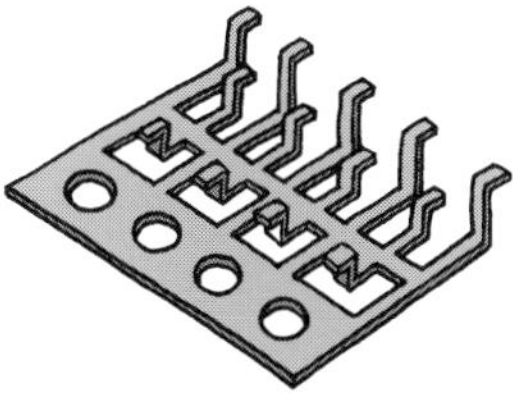

消臭スプレー

鏡

Column

ステンレス鋼の発明史

　ステンレス鋼は、鉄を主成分とするにもかかわらず、赤さびが発生せず、銀白色の金属光沢を維持し続ける鉄鋼材料です。そのため、キッチン製品から電車まで、幅広く使用されています。ステンレス鋼の耐食性を担保する主要な添加元素はクロムとニッケルです。このような鉄・クロム、あるいは鉄・クロム・ニッケル合金のステンレス鋼の発明史は、次のとおりです。

　クロムを添加した鉄鋼材料の研究は、1820年代から行われていたようですが、当時のクロム地金であるフェロクロムに不純物の炭素が多く含まれていたことから、現在のような耐食性は得られていなかったようです。その後、炭素含有の少ないフェロクロムが得られるようになり、1900年初頭から鉄・クロム・ニッケル合金の研究が本格化しました。

　1912年にイギリスのブレアリー氏が、顕微鏡での金属組織観察用のサンプルを作製した際に、鉄・クロム合金が酸でなかなか腐食しないことに気づき、食酢や果物酸でさびてしまう食用ナイフへの提案を行い、その後、実用化させて、13%クロムマルテンサイト系ステンレス鋼としての刃物用ステンレス鋼に繋がります。そのことがステンレス鋼発明の発端と言われています。ほぼ同時期の1912年に、ドイツのクルップル社からは、耐食性が優れる鉄・クロム・ニッケル合金の特許が出願されています。その後、第二次世界大戦中に硝酸プラントに採用されて、化学装置用材料として優れていることが実証されます。これが、後のオーステナイト系ステンレス鋼へと繋がります。

　現代社会で活躍しているステンレス鋼の発明は、実験でのちょっとした異変が発端であったようです。何事も日頃から感度を高く、気づきを大切にしないといけないですね。

第6章

金属腐食を抑制する

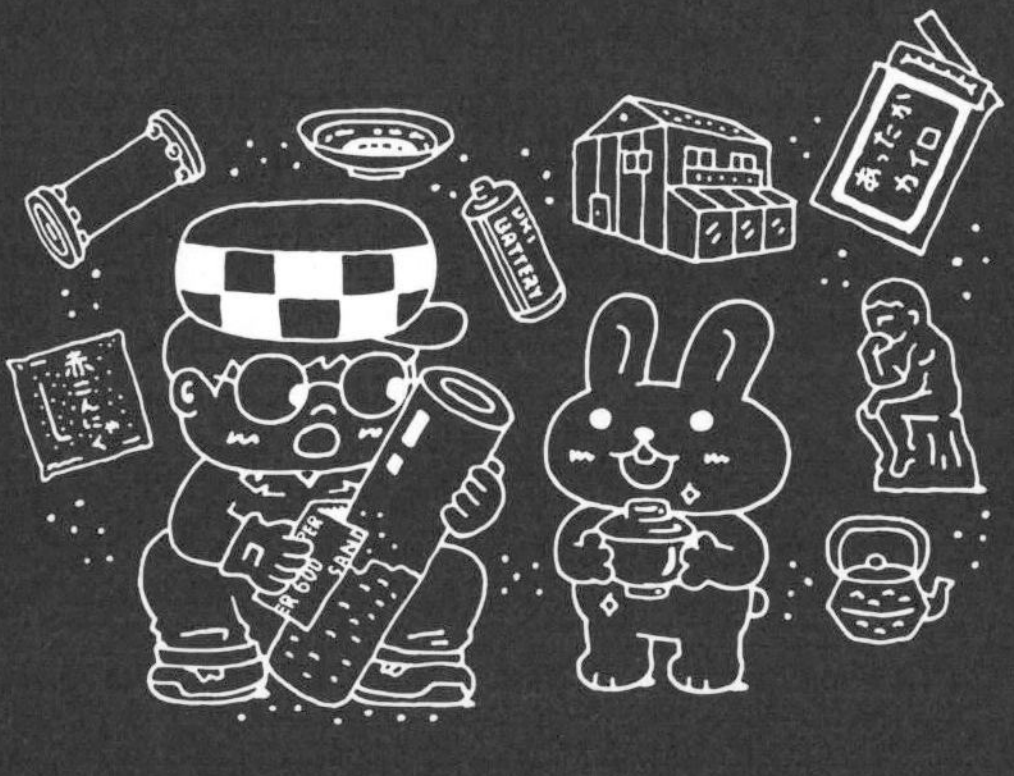

36 防食の種類

金属腐食を抑制する4つの方法

金属腐食を抑制する防食を大別すると、被覆防食、電気防食、金属材料の材質変更、腐食環境抑制の4つに分けられます。

被覆防食は、金属材料を腐食環境から遮断するために、その表面を素地の金属材料とは異なる皮膜で被覆して、金属腐食を抑制する方法です。素地の金属材料を被覆する方法としては、塗装、溶射、めっき、陽極酸化、化成処理が挙げられます。これらはいずれも、金属材料に機能と装飾を付与する表面処理と呼ばれ、金属加工に位置付けられます。それぞれの表面処理で金属表面に付与する皮膜の材質が異なります。具体的には、塗装は樹脂からなる塗料、溶射は金属材料やセラミックス材料、樹脂材料、めっきは金属材料、陽極酸化と化成処理は非金属物質となります。また、防せい剤の塗布も被覆防食に含まれます。

電気防食は、金属腐食が起こらない電位に変化させて金属材料の腐食を抑制する方法です。電気防食は、海水中や土壌中の鉄鋼材料の防食に適用されています。電気防食を大別すると、防食対象の金属に対して直接電流を送って電位を操作する外部電源方式と、防食対象の金属より卑な金属を接続する流電陽極方式の2つに分けられます。

金属材料の材質変更による防食は、金属腐食が発生しにくい耐食性を有する材質への変更となります。具体的には、鉄鋼材料においては普通鋼からステンレス鋼への変更などです。ただし、材質変更はコストアップに繋がる可能性もありますので、注意が必要です。

腐食環境抑制は、金属腐食が発生しないように金属腐食の腐食因子を制御することです。ただし、金属材料が曝される環境を制御することが難しい場合が多いので、一般的には、被覆防食や電気防食、金属材料の変更などの防食が行われます。

要点BOX

- 素地の金属とは異なる皮膜で被覆
- 金属腐食が起こらない電位に変化
- 材質変更と腐食因子制御

防食の分類

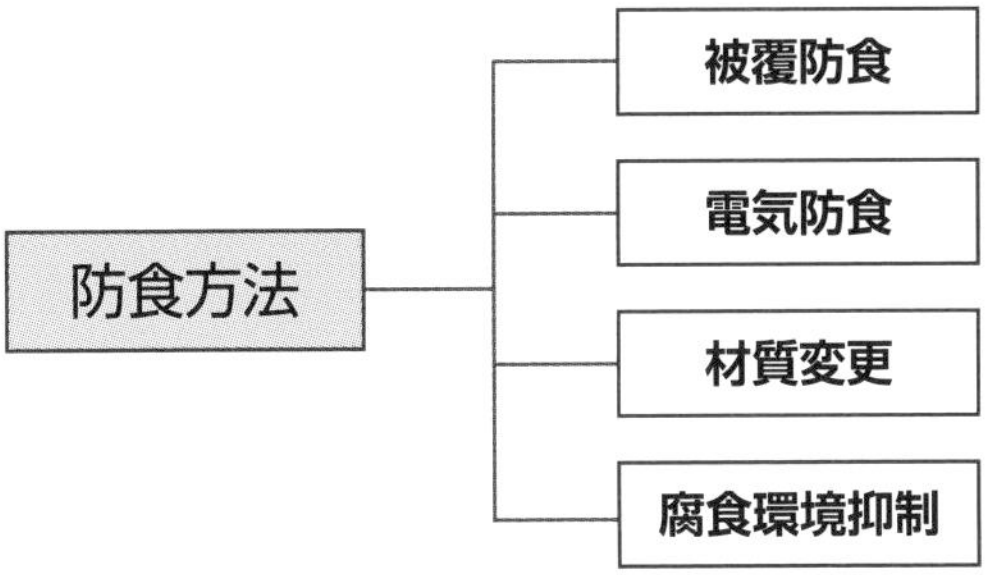
防食方法
被覆防食
電気防食
材質変更
腐食環境抑制

防食の種類と内容

種類	内容
被覆防食	金属材料を腐食環境から遮断 素地とは異なる皮膜で被覆して金属腐食を抑制
電気防食	金属腐食が起こらない電位に変化させて金属腐食を抑制
材質変更	金属腐食が発生しにくい耐食性を有する材質への変更
腐食環境抑制	金属腐食が発生しないように金属腐食の腐食因子を制御

まずは、被覆、電気、
材質変更の3つから
選んでみよう

37 金属に機能と装飾を付与する表面処理

金属材料を腐食環境から遮断

金属材料は、その表面を変化させることにより機能や装飾といった新たな価値を付与することが可能です。このような金属表面の化学的・物理的特性の向上や装飾性を目的に、金属材料の表面に施す金属加工のことを表面処理と呼びます。この表面処理は、金属材料を腐食環境から遮断して、金属腐食を防止する防食の役割も果たします。

表面処理を大別すると、金属材料自体、あるいは金属材料に付着している異物を除去する除去加工と、金属材料の表面に素地とは異なる層を付与する付加加工に分けられます。防食を目的とした表面処理は、後者の付加加工が当てはまります。具体的な防食を目的とした付加加工として、塗装、溶射、めっき、陽極酸化、化成処理などがあります。

塗装は、樹脂を主原料とした塗料を金属表面に塗る表面加工方法であり、金属腐食を防ぐ防食と装飾が主な目的です。溶射は、溶融、あるいは半溶融状態に加熱した溶射材を金属表面に吹き付けて皮膜を形成させる方法です。溶射材料には、金属材料、セラミックス材料、樹脂材料などがあり、その形状も様々で、溶射材料と加工物との組み合わせは無限と言われています。めっきは、銅、ニッケル、クロム、金およびこれらの合金などの金属皮膜を金属表面に施す表面処理で、防食以外に装飾や潤滑など、様々な機能を付与することが可能です。陽極酸化と化成処理は、電解処理や化学反応によって酸化物などの非金属皮膜を金属表面に施す表面処理です。

防食を目的とした塗装、溶射、めっき、陽極酸化、化成処理などの表面処理は、その防食効果を向上させるために、それぞれを組み合わせて金属材料の表面に施される場合もあります。例えば、金属材料へ塗装する際には、その密着性を向上させるために、下地処理として化成処理が施される場合が多いようです。

要点BOX

- ●防食は付加加工
- ●塗装、溶射、めっき、陽極酸化、化成処理
- ●それぞれを組み合わせて防食効果を向上

表面処理の分類

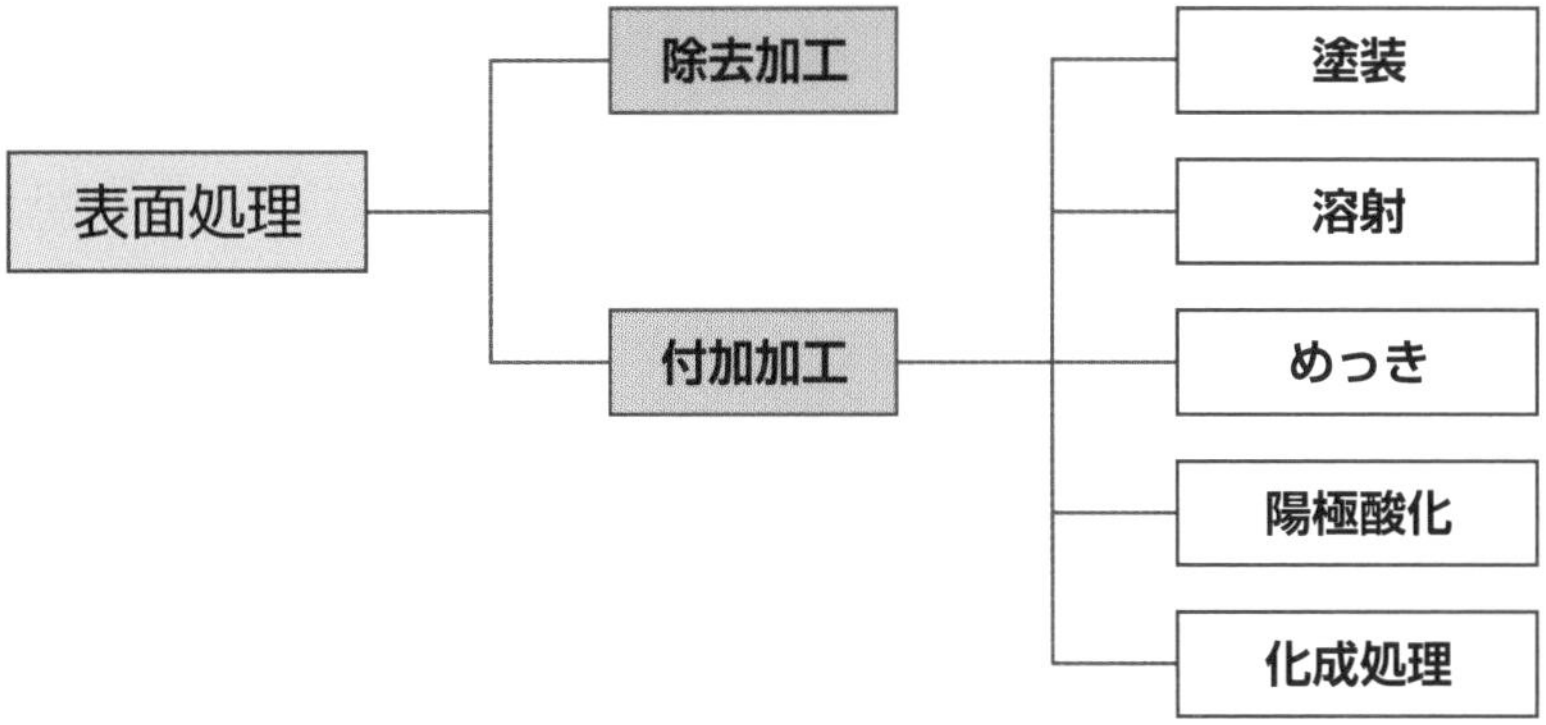

表面処理の種類と内容

種類	内容
塗装	塗膜を金属表面に塗る
溶射	溶融、あるいは半溶融状態に加熱した溶射材を金属表面に吹き付ける
めっき	金属皮膜を金属表面に施す
陽極酸化	電解処理や化学反応によって酸化物などの非金属皮膜を金属表面に施す
化成処理	

38 塗装

樹脂を主成分とした塗膜で防食する

塗装とは、樹脂を主成分とした塗膜を金属材料の表面に施す表面処理で、英語ではPaintingと表現されます。塗装した塗料が乾燥して固まって膜状になったものを塗膜と呼び、金属材料の表面を塗膜で覆うことにより、防食と装飾の機能を付与することができます。

塗装は常温で処理でき、また加工物の大きさや形状にほとんど影響しないので、広く適用されている表面処理と言えます。そのため塗装は、自動車や道路標識、大型構造物の支柱、橋梁、歩道橋など、様々な分野で活躍しています。

塗料の歴史は古く、紀元前1万6500年から1万2000年のフランスのラスコーや、紀元前1万5000年のスペインのアルタミラの壁画に、酸化鉄や酸化マンガンなどを原料とした塗料が使われています。

現在使用されている塗料は、一般的に樹脂、硬化剤、顔料、添加剤、溶剤の5種類の成分からなります。具体的には、樹脂と硬化剤、溶剤は塗料の固化、顔料は着色や防錆、強度、添加剤は塗料の表面張力や粘度を変化させる役割をそれぞれ担っています。

塗装方法を大別すると、塗料を霧状にさせて金属表面に塗装する噴霧法と、塗料を直接金属表面に塗装する直接法に分けられます。噴霧法の種類は、液体状の塗料とエアコンプレッサで供給される圧縮空気を混合し霧状にした塗料を金属表面に付着させるエアスプレー方式、塗料自体に高圧力をかけて、噴出された塗料粒子が外部の空気と衝突・霧化されて金属表面に付着させるエアレススプレー方式、静電スプレー方式があります。

直接法は、刷毛を使用した刷毛塗り、塗料の入った槽に金属を浸漬・引き上げて乾燥させるディッピング、ロールで金属表面に塗料を塗るロールコーター、水性塗料や水溶性樹脂を電解液として電着作用によって金属表面に塗装する電着塗装があります。

要点BOX
- ●防食と装飾の機能を付与
- ●広く適用されている表面処理加工
- ●塗装方法は噴霧法と直接法に大別

塗装された金属製品

塗料の成分

- 塗料
  - 樹脂
  - 硬化剤
  - 顔料
  - 添加剤
  - 溶剤

塗料方法の分類

- 塗装方法
  - 噴霧法
    - エアスプレー方式
    - エアレススプレー方式
    - 静電スプレー方式
  - 直接法
    - 刷毛塗り、ディッピング
    - ロールコーター、電着塗装

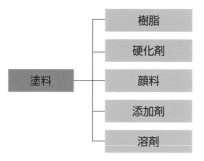

39 溶射

溶融した溶射材料を高速で衝突

溶射とは、粉末や線、棒の溶射材料を、加熱・溶融させて、溶射材料の液滴または粒子を被加工材の表面に高速で衝突させ、扁平微粒子を積層させて金属材料の表面に皮膜を形成させる表面処理で、英語ではThermal Sprayと表現されます。

溶射は、1909年頃にスイスのスクープによって発明され、溶射技術は100年以上の歴史を有しています。溶射材料として、金属材料、セラミックス材料、樹脂材料などがあり、これらを金属材料の表面に溶射することにより大面積に被覆して、基材に耐摩耗性を向上させます。溶射は、防食や耐熱性などの機能を付与することも可能です。

溶射は、溶射ガンに供給される燃焼エネルギーや電気エネルギーの熱源により粉末や線、棒の溶射材料を溶融させて、溶射材料の液滴または粒子を搬送ガスで加速させて基材表面に吹き付けることによって基材表面に溶射材料の皮膜を強固に付着形成させる表面処理です。

溶射方法は、熱源、溶射材料の形態、溶射雰囲気のそれぞれを組合せて目的に応じた溶射装置が用いられています。具体的な溶射装置として、アセチレンなどのガス燃料と酸素による燃焼エネルギーを熱源としたフレーム溶射、電気エネルギーを熱源としたアーク溶射、高温の熱プラズマジェットを利用するプラズマ溶射があります。

高速フレーム溶射は、High Velocity Oxygen-Fuel Flame Spray Processの頭文字をとってHVOFとも呼ばれ、ガス炎を熱源としたフレーム溶射の1種であり、燃焼室の圧力を高めることによって連続の高速燃焼を発生させる溶射方法です。

具体的な溶射の防食事例としては、犠牲防食を目的とした、鉄道レールや風力発電タワーなどの鉄鋼材料に亜鉛を溶射することが行われています。

要点BOX
- ●大面積に被覆して耐摩耗性・防食・耐熱性を付与
- ●熱源・溶射材料・雰囲気などに応じた溶射装置
- ●鉄鋼材料に亜鉛を溶射

溶射の分類

- 溶射
  - 燃焼エネルギー
    - フレーム溶射
  - 電気エネルギー
    - アーク溶射
    - プラズマ溶射
  - 圧縮エネルギー
    - コールドスプレー

亜鉛めっきと比べて、
被加工材の寸法に制限がなく、
厚膜が容易なんだ!

40 めっき

素地とは異なる金属皮膜を生成

めっきとは、金属材料の表面に素地とは異なる金属皮膜を生成させる表面処理で、英語ではPlatingと表現されます。めっきの歴史は古く、紀元前1500年頃にメソポタミア地方北部で鉄器の装飾と耐食性向上の観点で錫めっきが行われていたのが始まりとされています。

めっきを大別すると、湿式めっき、乾式めっき、溶融めっきの3つに分類されます。湿式めっきは金属イオンを含む溶液中で行うめっきで、電気めっきと無電解めっきの2種類があります。電気めっきは、電気分解による金属の析出を利用しためっきのことで、めっきしようとする金属のイオンを含む溶液を用いて、被めっき金属を陰極、陽極にはめっきしようとする金属を用いて、陰極表面に金属イオンから還元された金属が析出してめっき皮膜が形成されます。電気めっきは、装飾品に用いられていますが、微細な電子部品への金めっき、銅めっきにも利用されています。また、ブリキと呼ばれる鉄への錫めっきもあります。

無電解めっきは、金属イオンと還元剤との反応によって被めっき金属に金属を還元析出させてめっき皮膜を形成する方法です。無電解めっきのメリットは、めっき厚さの分布が被めっき金属の形状によって影響を受けず、均一な厚さの皮膜を形成することができます。無電解めっきのデメリットは、めっき溶液の管理が難しいことが挙げられます。無電解めっきでは、めっき反応の進行に伴って金属イオンや還元剤が消耗するので、それらの逐次補給が必要になります。

乾式めっきは、乾式処理やドライ処理とも呼ばれており、大気圧より低い圧力中で金属や、酸化物・窒化物等の無機化合物の薄膜を被めっき金属表面に形成させる方法のことです。

溶融めっきは、溶融金属中に被めっき金属を浸漬して金属材料の表面にめっきする方法で、トタンと呼ばれる防食亜鉛めっきがよく知られています。

要点BOX
- ●湿式、乾式、溶融めっきの3種類
- ●湿式めっきは電気めっきと無電解めっき
- ●ブリキとトタン

めっきの分類

- めっき
  - 湿式めっき
    - 電解めっき
    - 無電解めっき
    - 金属イオンを含む溶液中で行う
  - 乾式めっき
    - 大気圧より低い圧力中で金属や、酸化物・窒化物などの無機化合物の薄膜を被めっき金属表面に形成させる
  - 溶融めっき
    - 溶融金属中に被めっき金属を浸漬する

電気めっき

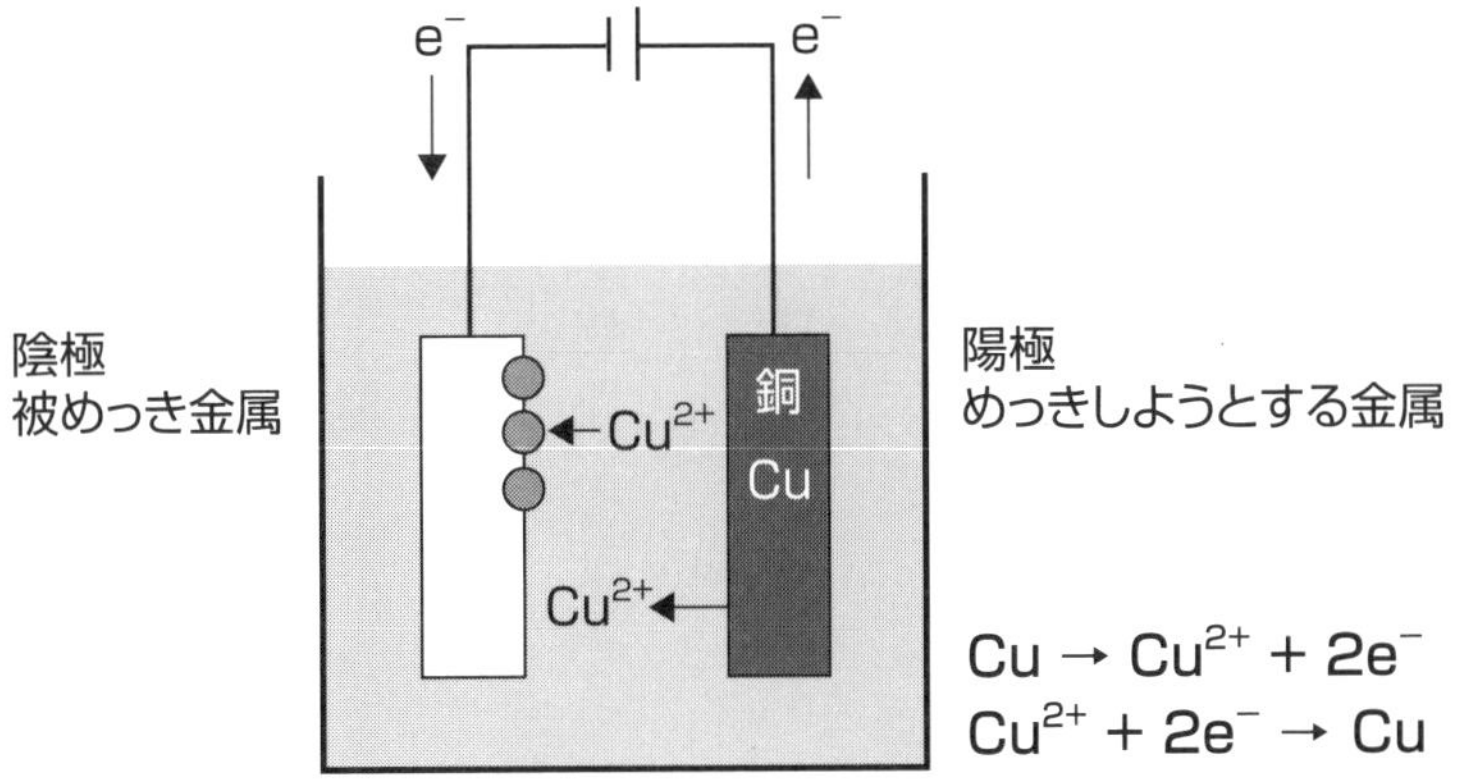

$Cu \rightarrow Cu^{2+} + 2e^{-}$

$Cu^{2+} + 2e^{-} \rightarrow Cu$

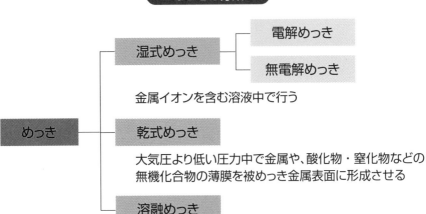

41 陽極酸化

電解処理で表面に酸化皮膜を生成

陽極酸化は、金属材料を陽極として電解液中で電解処理し、表面に非金属物質である酸化皮膜を生成させる表面処理です。陽極酸化で得られる皮膜によって、金属材料に耐食性や意匠性を付与することができます。陽極酸化処理は、英語ではAnodizingと呼び、アルミニウムやチタン、マグネシウムの表面処理として用いられています。

アルミニウムを陽極酸化すると、その表面には大気中で生成する自然酸化皮膜より厚くて多孔質な酸化皮膜が形成されます。アルミニウムを陽極酸化することで得られる皮膜やその製品のことをアルマイトと呼びます。アルマイトは、1929年に財団法人理化学研究所で発明・商標登録されました。アルマイトは、窓枠のアルミニウム押出型材、機械部品や航空機部品など、様々な分野で利用されています。

アルマイトで使用する電解液を大別すると、シュウ酸系、クロム酸系、硫酸系の3種類に分けられます。アルミニウムをこれらの酸性電解液中で陽極酸化すると、バリヤー層と呼ばれる緻密な酸化皮膜と、多孔質層と呼ばれる多孔質な酸化皮膜が生成されます。この多孔質な酸化皮膜の内部を無機染料や有機染料で染色する、あるいは電解処理で多孔質な酸化皮膜の内部に金属間化合物を析出させることによって、酸化皮膜を着色することができます。

アルマイトによって得られた酸化皮膜は多孔質なので、指紋や汚れが付きやすい、電解液によるしみや斑点が発生しやすい、着色処理した染料が泣き出しやすい、耐光性が劣るなどの欠点もあります。これらの課題への対応として、後述する封孔処理が行われます。

チタンを陽極酸化すると、チタン表面に薄い酸化皮膜が形成されます。その皮膜の厚さによって、様々な干渉色を作り出すことができます。そのため、チタンの陽極酸化処理は、意匠性が求められる金属製品に適用されています。

要点BOX
- ●金属に耐食性や意匠性を付与
- ●シュウ酸系、クロム酸系、硫酸系
- ●染料封入や金属間化合物による着色

陽極酸化処理

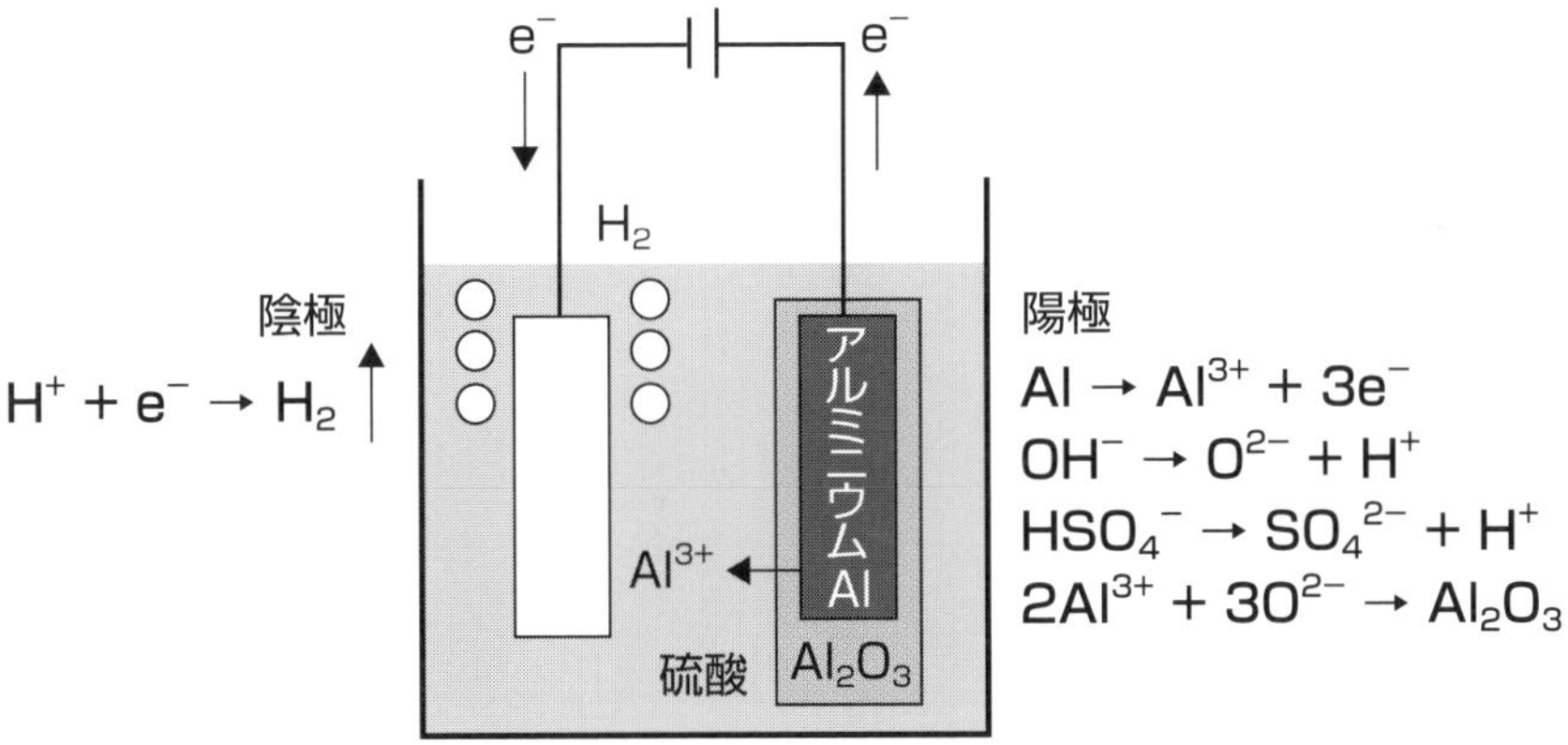

アルミニウムの陽極酸化処理

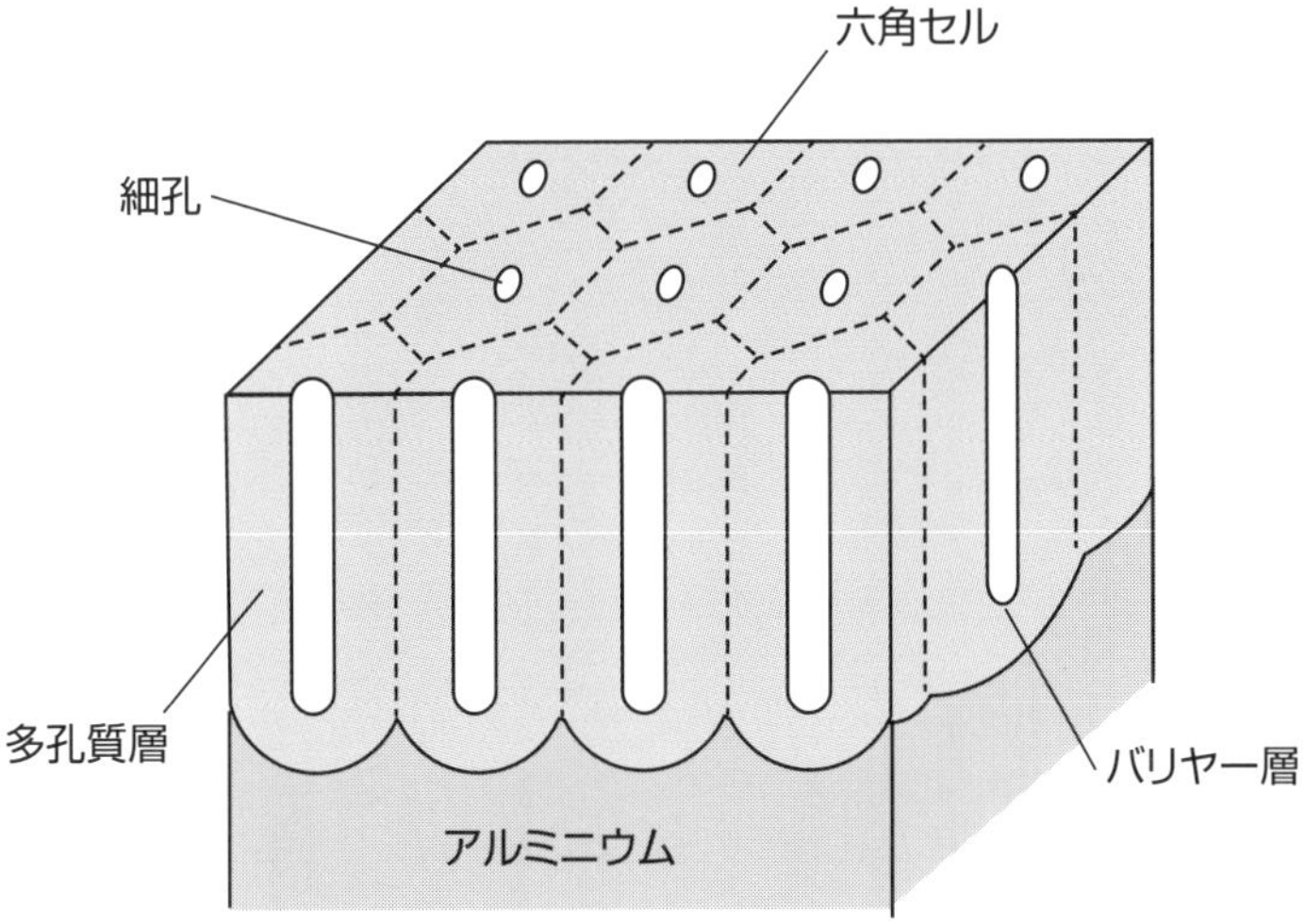

42 化成処理

化学反応で非金属皮膜を生成

化成処理とは、金属材料の耐食性向上、塑性加工時の潤滑性付与、塗装の下地処理、加飾を目的に、化学反応で金属表面に酸化物やリン酸塩、硫化物などの素地とは異なる非金属の皮膜を生成させる表面処理加工のことです。化成処理は、英語でChemical Conversion Coatingと表現されます。表面に非金属物質である酸化皮膜を生成させる陽極酸化処理も化成処理として扱われることもあります。

化成処理の多くは無電解で、その処理温度は室温から100℃前後であり、処理方法は対象とする金属材料を処理薬品への浸漬や塗布のため、比較的小物な部品などに幅広く適用されています。

代表的な化成処理を大別すると、リン酸塩処理、シュウ酸塩処理、クロメート処理などがあります。リン酸塩処理は、主に鉄鋼材料を対象とした化成処理で、鉄鋼材料の表面にリン酸塩の皮膜を生成させて、塗料の密着性、さびを抑制する耐食性、ギヤやベアリングなどの部品の摺動特性、冷間鍛造時の潤滑性を向上させます。リン酸塩処理の歴史は古く、古代エジプト時代の鉄器がリン酸鉄皮膜で覆われていることが確認されています。ステンレス鋼はリン酸塩処理ができませんので、ステンレス鋼の冷間鍛造時の潤滑皮膜としてシュウ酸塩処理が用いられます。

クロメート処理は、クロム酸化合物を含有する溶液に金属を浸漬し、金属表面にクロム系酸化物や水和物の皮膜を生成させる化成処理です。クロメート処理は、亜鉛めっき鋼板やアルミニウム合金や銅合金の耐食性向上を目的に行われます。これまでは、有害な6価クロムを含有する溶液が使用されていましたので、最近は、無害な3価クロム化成処理やノンクロメート化成処理への転換が進められています。

輸送機器の軽量化を目的に、アルミニウム合金の使用が増加しています。その化成処理として、ジルコニウム系化成処理が注目されています。

要点BOX
- ●溶液の塗布や浸漬のため簡便
- ●処理温度も100℃前後で扱いやすい
- ●クロメートからノンクロメートへ

浸漬による化成処理

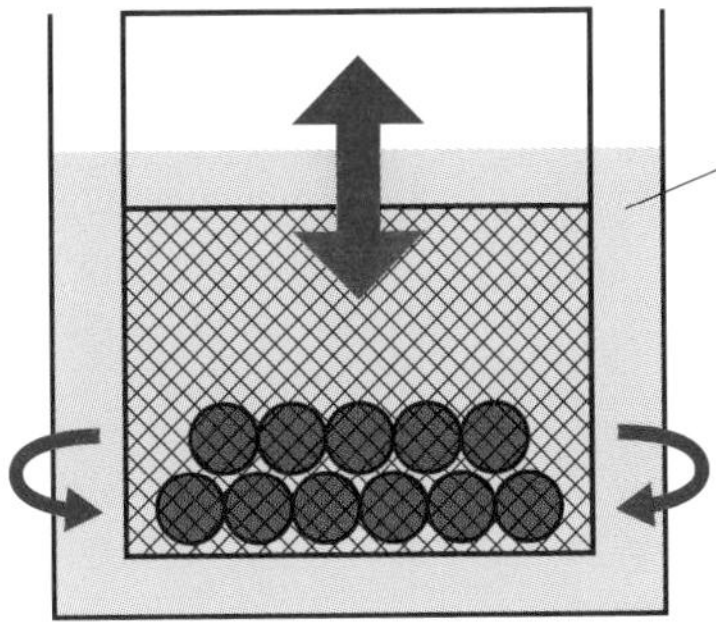
処理薬液

化成処理の種類

種類	対象の金属材料	用途
リン酸塩処理	鉄鋼、アルミニウム、亜鉛	防せい、塗装下地 鍛造用潤滑
シュウ酸処理	ステンレス鋼	鍛造用潤滑
クロメート処理	アルミニウム、亜鉛	防せい、塗装下地

ジルコニウム系化成処理は、
スラッジ発生が少ないんだよ

43 腐食抑制剤

腐食環境に添加して金属腐食を抑制

腐食環境に少量添加されて金属腐食を抑制する物質を腐食抑制剤と呼びます。その他に、インヒビター、防食剤、防せい剤とも呼ばれます。古くから知られる腐食抑制剤として、鉄のさび防止として油の塗布が知られています。また、腐食抑制を目的とした添加剤が含まれる防せい油もあります。腐食抑制剤を使用した防食は、腐食環境である液体中や気体中で作用することから、腐食環境抑制に該当します。

腐食抑制剤の分類として、腐食抑制剤の使用環境と、作用によるものがあります。使用環境による分類は、腐食抑制剤を液体中に投入して利用するタイプと、腐食抑制剤が染み込んだ紙や袋からの気化を利用するタイプがあります。

作用による分類は、不働態型、沈殿皮膜型、吸着型などに分けられます。これらはいずれも普通鋼を対象とした腐食抑制剤の分類です。不働態型は、腐食抑制剤の酸化によって普通鋼表面に不働態皮膜を形成させます。沈殿皮膜型は腐食抑制剤の化学反応によって普通鋼表面に皮膜を形成させます。吸着型は、普通鋼表面に疎水基を形成させて水を遮断させます。

銅および銅合金は、金属腐食によってその表面に酸化皮膜が発生し、変色することが知られています。その変色防止剤として、ベンゾトリアゾールが知られています。ベンゾトリアゾールはBTAとも表現され、銅あるいは銅酸化物と反応して、銅および銅合金表面に無色で半透明のCu-BTA皮膜を形成し、銅および銅合金の変色を防止することができます。具体的な処理条件は、50～80℃に加熱した0・1～1％のベンゾトリアゾール水溶液中に銅および銅合金を浸漬する方法で、一般的には脱脂、酸洗い後に処理を行う場合が多いようです。また、ベンゾトリアゾール成分が練り込まれた各種の防錆紙も市販されており、銅および銅合金の保管中の変色防止に効果があります。

要点BOX
- ●古くから知られるさび防止の油塗布
- ●使用環境による分類と作用による分類
- ●不働態型、沈殿皮膜型、吸着型

腐食抑制剤の分類

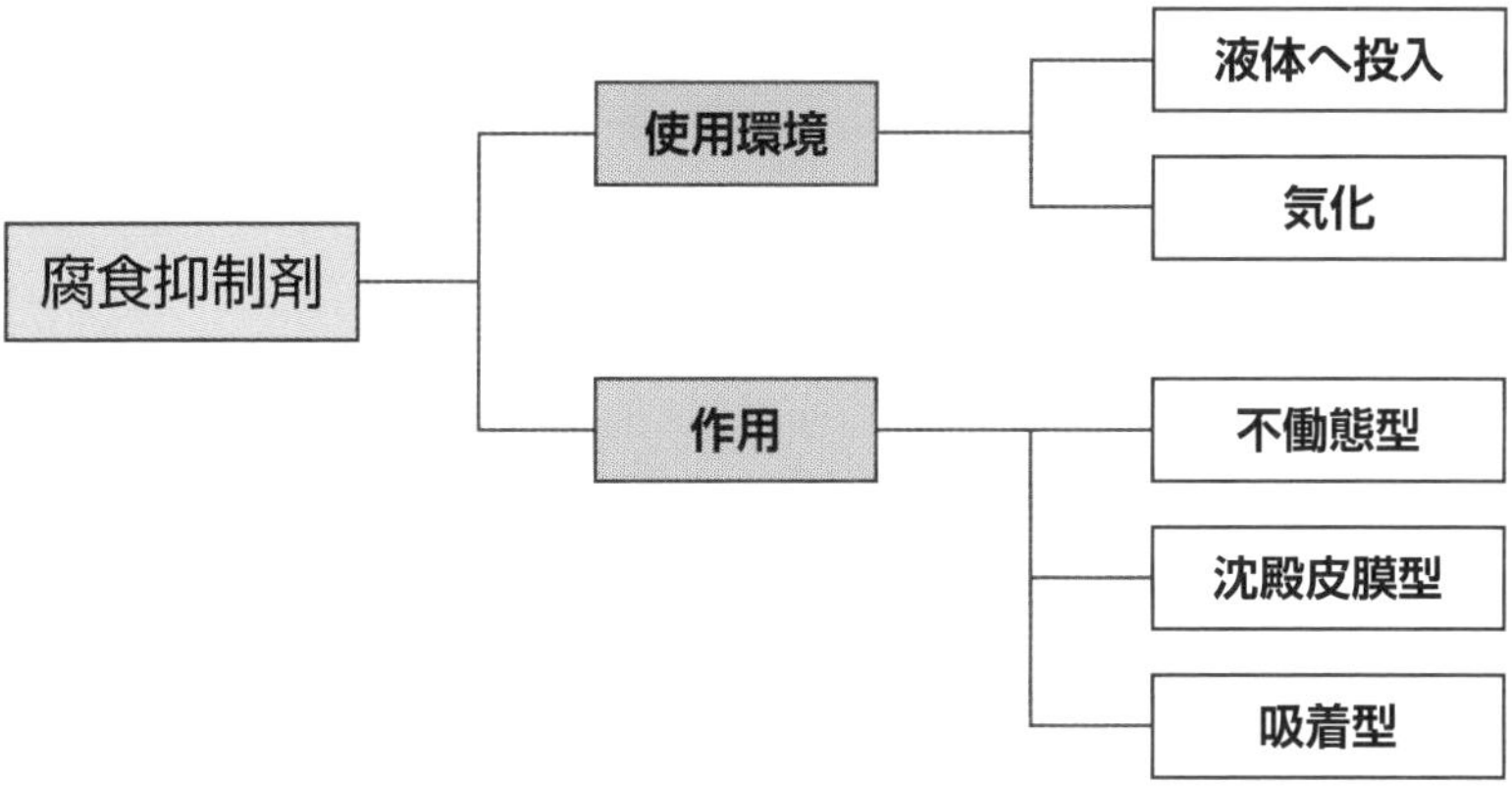

ベンゾトリアゾールの構造

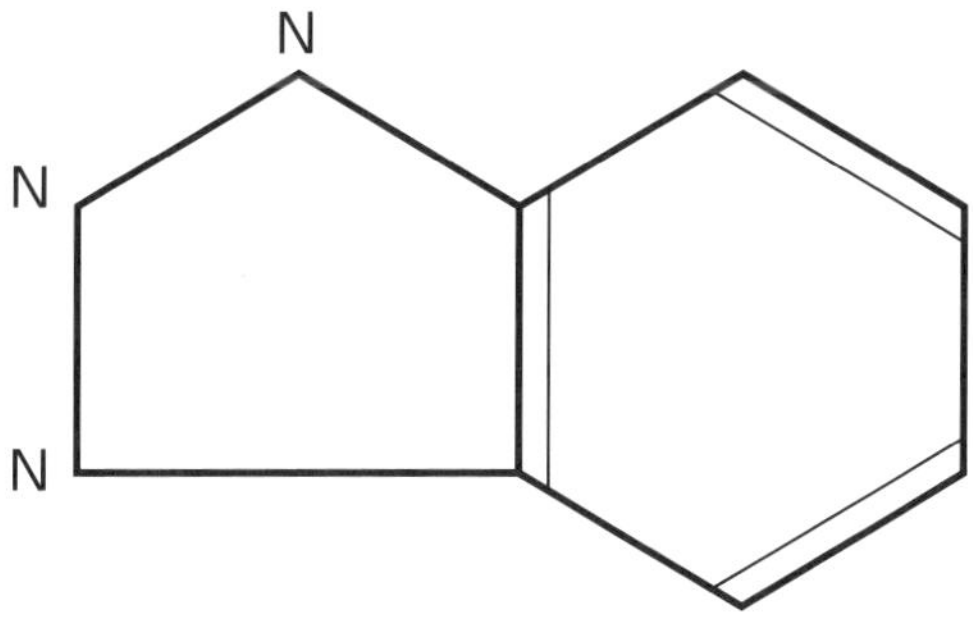

銅表面色と酸化皮膜厚さ

表面色	厚さ(nm)
暗褐色	20～35
赤褐色	30～40
紫色	35～45
青色	40～50
緑色	60～80
黄色	80～100
橙色	100～120
赤色	110～150

44 電気防食

腐食の起こらない防食電位に変化

電気防食は、腐食の起こらない防食電位に変化させて金属材料の腐食を抑制する方法で、英語ではCathodic Protectionと表現されます。電気防食は、海水中や土壌中の鉄鋼材料の防食に適用されています。電気防食を大別すると、防食対象の金属材料に対して直接電流を送って電位を操作する外部電源方式と、防食対象の金属材料より卑な金属材料を接続する流電陽極方式の2つに分けられます。

外部電源方式は、直流電源装置と電極を用いて、直流電源装置の陽極を電極に、陰極を被防食金属材料にそれぞれ接続して電流を通電する方法です。陽極に使用する電極は、黒鉛、ケイ素鋳鉄、磁性酸化鉄、金属チタンに白金系の酸化物を被覆したものが使用されます。

流電陽極方式は、金属材料のイオン化傾向の高低を利用して、被防食金属材料よりイオン化傾向の高い金属材料を陽極として設置し、その金属材料のイオン化によって通電する方法です。犠牲陽極法や犠牲アノード法とも呼ばれます。被防食金属材料として普通鋼を防食する場合は、鉄よりイオン化傾向の高い亜鉛やマグネシウム、アルミニウムを陽極に使用します。

普通鋼の表面に亜鉛めっきを施した亜鉛めっき鋼板は、被覆防食であると共に、普通鋼と亜鉛のイオン化傾向の差を利用した流電陽極方式とも言え、陽極側の金属材料においては、異種金属接触腐食が発生していることになります。

電気防食は、護岸や海洋構造物などの海水に浸かっている海水中の部分や、土壌中のパイプラインなどの防食に幅広く使用されています。一方で、電気防食は金属腐食環境の導電性が重要になりますので、大気腐食には適用できません。

要点BOX

- ●海水中や土壌中の鉄鋼材料の防食に適用
- ●直流電源装置と電極を用いた外部電源方式
- ●イオン化傾向の高低を利用した流電陽極方式

外部電源方式

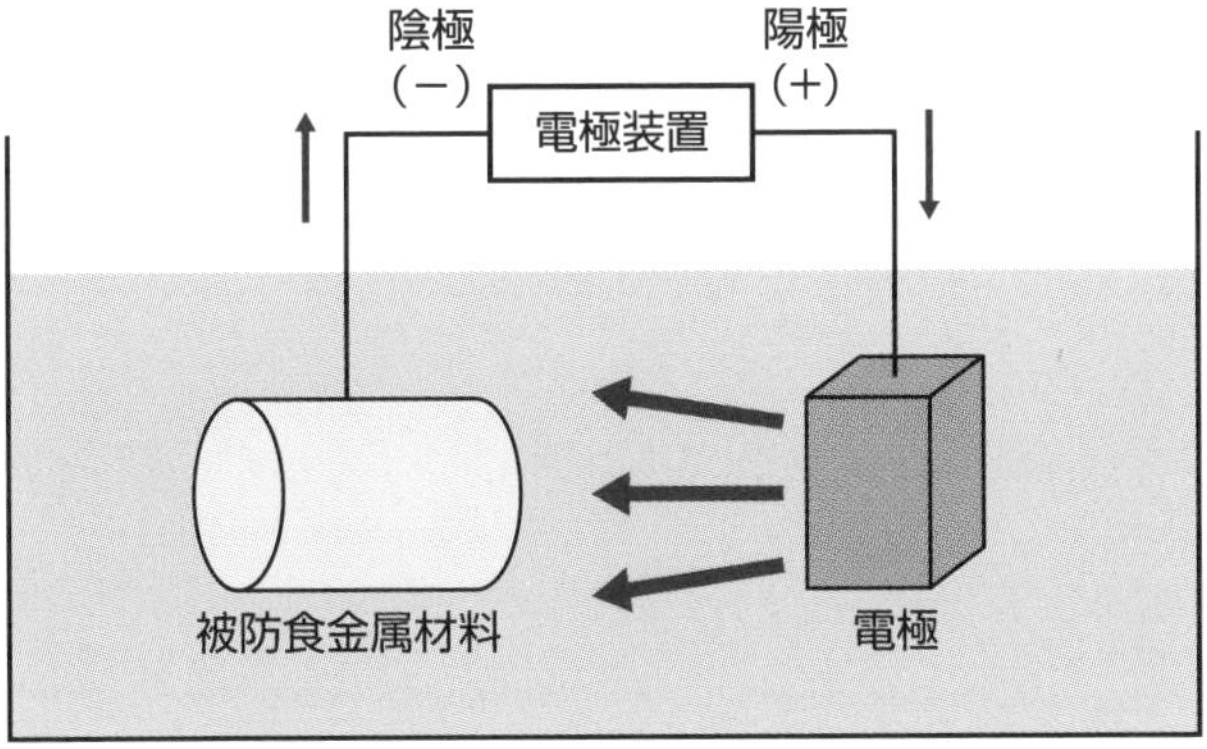

流電陽極方式

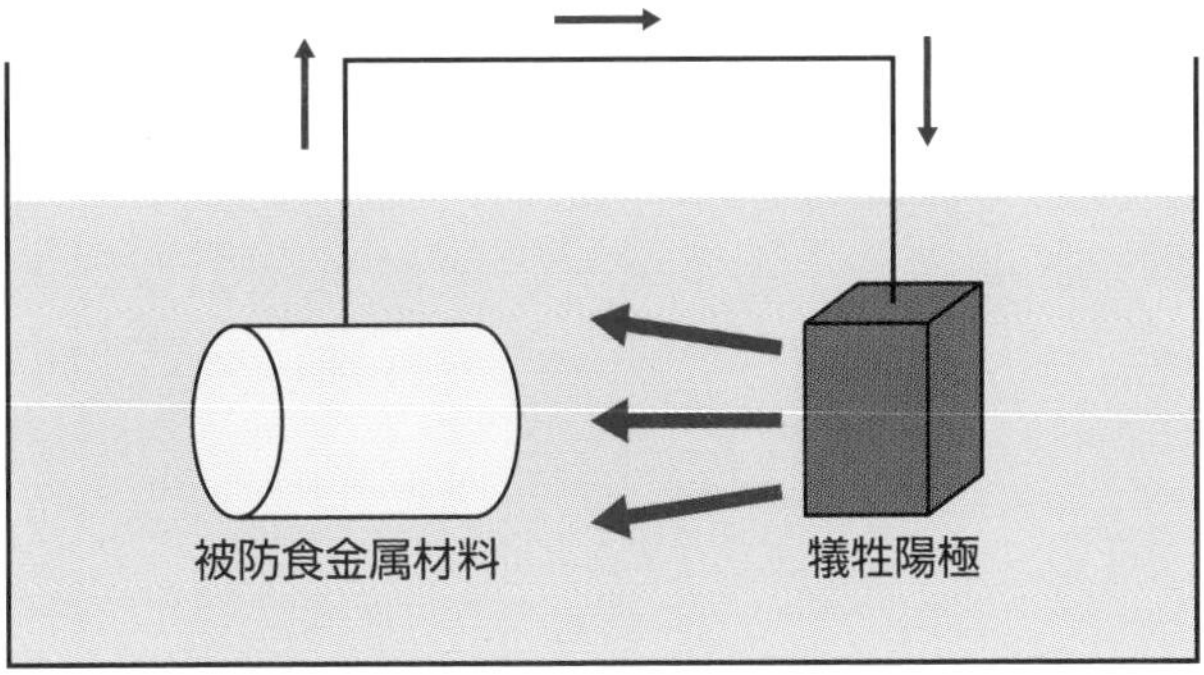

Column

「メッキ」じゃなくて「めっき」だよ

インターネットでは「めっき」とひらがなで書かれていたり、「メッキ」とカタカナで書かれていたりします。一体、どちらが正しいのでしょうか?

古くから用いられているめっき方法として、アマルガム法があります。これは、金を溶解させた水銀合金のアマルガムを、金属表面に塗布した後に加熱すると、水銀が蒸発し、沸点の高い金が金属表面に残留し、金めっきが施される方法です。このめっき方法は、奈良の東大寺大仏の金めっきに用いられたと言われています。大仏建立に用いられた金と水銀の量は、金58・6kg、水銀293kgに相当すると言われています。また、アマルガム法は、金を含有する鉱石から金取り出す場合にも用いられる場合があります。

このアマルガム法は、水銀蒸気を吸引して水銀中毒を引き起こす恐れがあります。あの有名なアイザック・ニュートンは、水銀を使用した錬金術の研究を行っていたためか、震えや妄想、精神錯乱、重度の睡眠障害など水銀中毒の症状に悩まされていたという話もあるようです。大仏建立の作業者の水銀曝露量は中毒を発生する可能性が十分であったとの研究結果もあります。

アマルガム法で水銀に金を溶解すると、金の黄金色が水銀の銀白色に変化します。そのため、「金が滅する」という意味から滅金(めっきん)と呼ばれるようになり、鍍金(めっき)へと変化し、「めっき」となったようです。

鍍金(めっき)は外来語ではなく日本語なので、カタカナの「メッキ」ではなく、ひらがなの「めっき」が正しいのです。

第7章

金属腐食を活かす

45 ホカホカと暖かく、食品を長持ち

カイロと脱酸素剤

鉄の赤さびは、触ると手が汚れたりしますので、ネガティブなイメージが強いようですが、実は、鉄がさびる現象が私たちの身の周りで役立っています。それは、カイロと脱酸素剤です。

袋から出して揉むとホカホカと暖かくなるカイロは、寒い冬の時期には欠かせない必需品の1つです。また、脱酸素剤は、密封された袋内の酸素を吸収して食品の劣化や変質を防ぎます。これらのカイロと脱酸素剤は、鉄のさび、すなわち鉄の金属腐食が関係しています。

カイロの内袋の中には、鉄粉、水、食塩が入っており、密封された外袋に包まれています。使う際に外袋の封を切ると、内袋の中身が空気に曝されて、鉄粉と水と食塩が反応し、鉄粉がさび始めます。この鉄の酸化の際に発生する熱を利用したのがカイロの原理です。

多くの食品は酸素によって品質が劣化してしまいます。そのため、酸素を通過する小袋に酸素を化学的に吸収する素材を入れた脱酸素剤がお菓子や生切り餅などの包装袋内に入れられています。広く使われている脱酸素剤を大別すると、鉄系脱酸素剤と有機系脱酸素剤の2種類があります。このうち、鉄系脱酸素剤の主成分はカイロと同様に鉄粉です。この脱酸素剤には、鉄粉の他に反応助剤として食塩が入っています。鉄粉1gは約200mgの酸素を吸収すると言われています。包装袋内の食品に含まれている水分と酸素と食塩が反応して、鉄粉がさび始めます。この鉄の酸化によって、包装袋内の酸素が吸収されて、袋内の食品の劣化や変質が防がれるという原理です。

鉄のさびと言うと、赤さびのようにネガティブなイメージを持ちますが、鉄がさびるという現象は、鉄が金属腐食する際の発熱と酸素吸収という反応を活かして、身近なカイロや脱酸素剤で活躍しているのです。

要点BOX
- 主成分は鉄粉
- 鉄粉の他に反応助剤として食塩
- 鉄の酸化による発熱と酸素吸収

鉄がさびる特性を利用した例

カイロや脱酸素剤のしくみ（鉄の酸化反応）

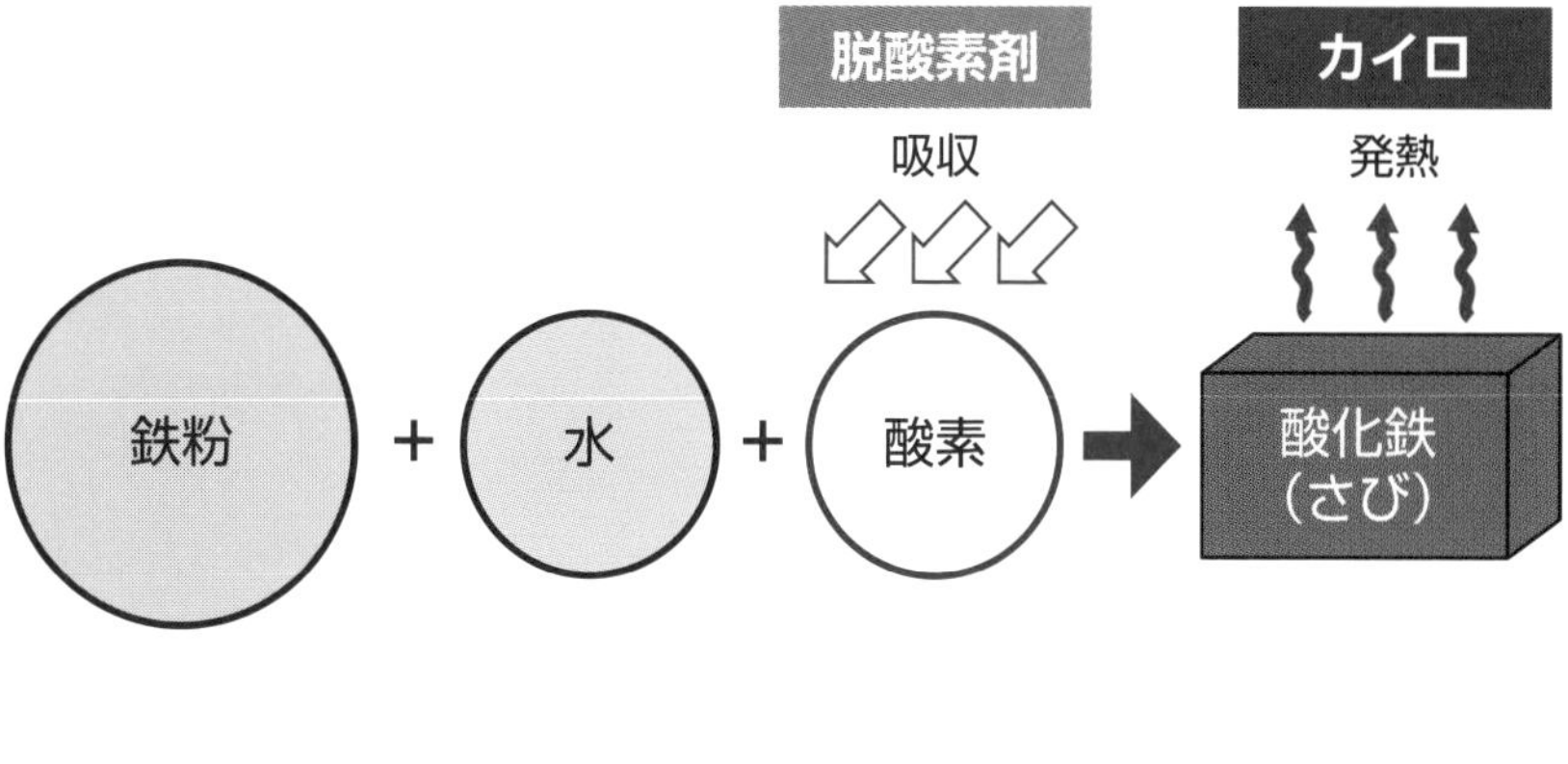

46 表面をピッカピカに

化学研磨

金属表面を除去する金属加工を除去加工と呼び、大別すると、刃物で削って形状を付与する切削加工、砥石で削って平滑な面を得る研削加工、面粗さを向上させる最終仕上げの研磨加工の3つに分けられます。この中で研磨加工は、研磨材を使用した物理研磨と、化学反応を使用した化学研磨に大別されます。

化学研磨とは、化学的な金属腐食によって、金属表面を溶かして表面を平滑にして光沢を付与する除去加工です。英語では、化学研磨のことをChemical Polishingと表現されます。化学研磨は、研磨する金属製品を酸溶液やアルカリ溶液に浸漬させて、化学反応で金属材料の表面を金属腐食させて研磨します。

薬品による金属の溶解による化学研磨の中には、薬品中で電気エネルギーを負荷して電気化学的に金属を溶解させる電解研磨もあります。電解研磨では、研磨する金属製品を陽極にして、対極となる陰極との間に電解液を介して直流電流を流します。化学研磨と電解研磨の特徴はそれぞれ異なりますので、目的に応じた選定が必要です。

化学研磨は、ステンレス鋼やアルミニウム合金、銅合金にも適用されています。化学研磨は、物理研磨では難しい薄膜製品やパイプ内部など複雑な形状を有した製品などの研磨も可能です。

ステンレス鋼への電解研磨では、優れた光沢を有する平滑面が得られるとともに、強固なクロムが濃化した不働態皮膜が形成されますので、耐食性が向上します。そのため、ステンレス鋼への電解研磨は、工業的に広く適用されています。電解研磨に使用する薬品は、リン酸系や硫酸系が使用されています。

アルミニウムの化学研磨は、アルマイトやめっきに表面光沢を付与する目的として行われています。

要点BOX
- ●化学反応を使用した研磨加工
- ●金属腐食によって金属表面を溶かして平滑にする
- ●クロムが濃化した不働態皮膜が形成

除去加工の分類

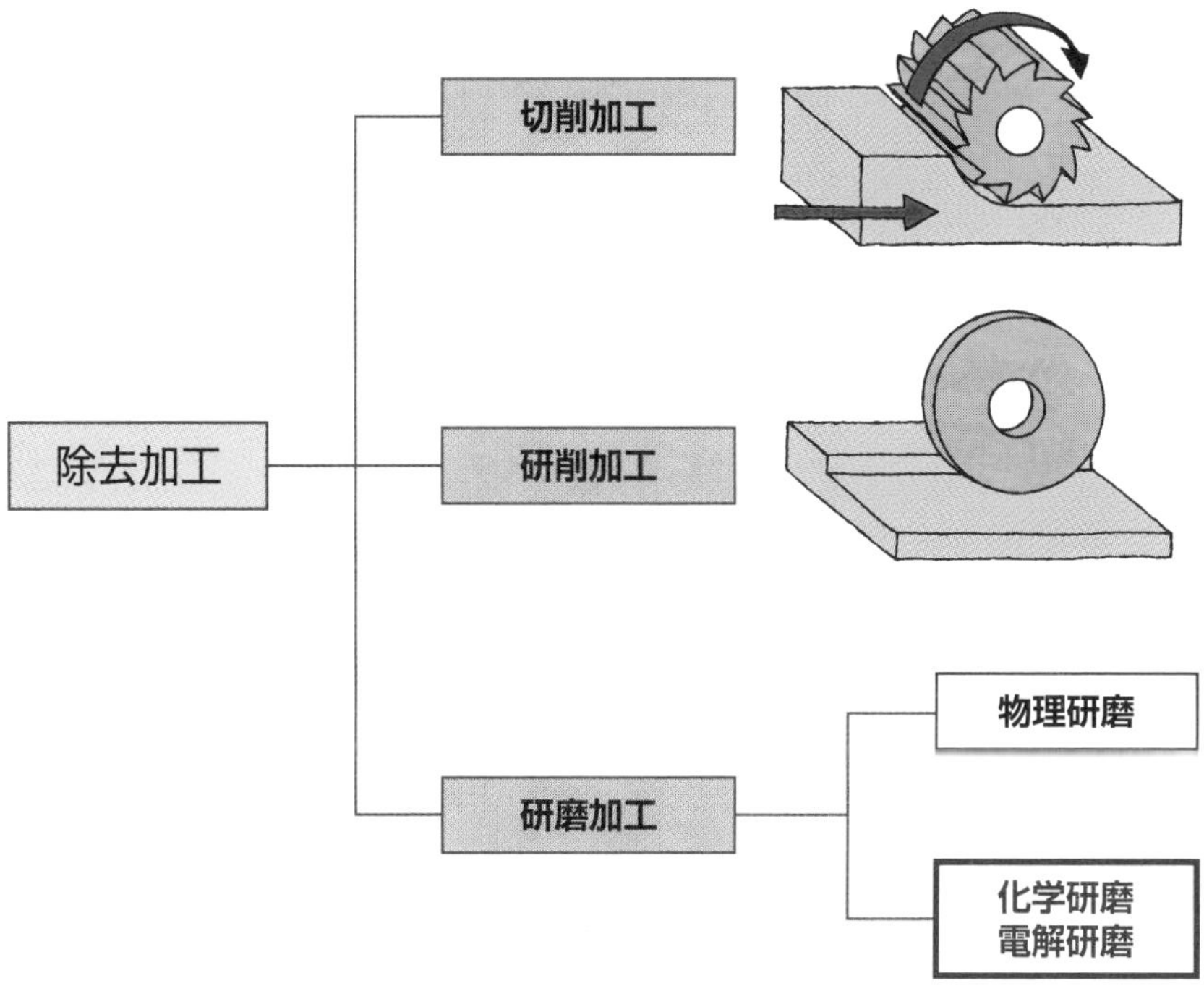

電解研磨

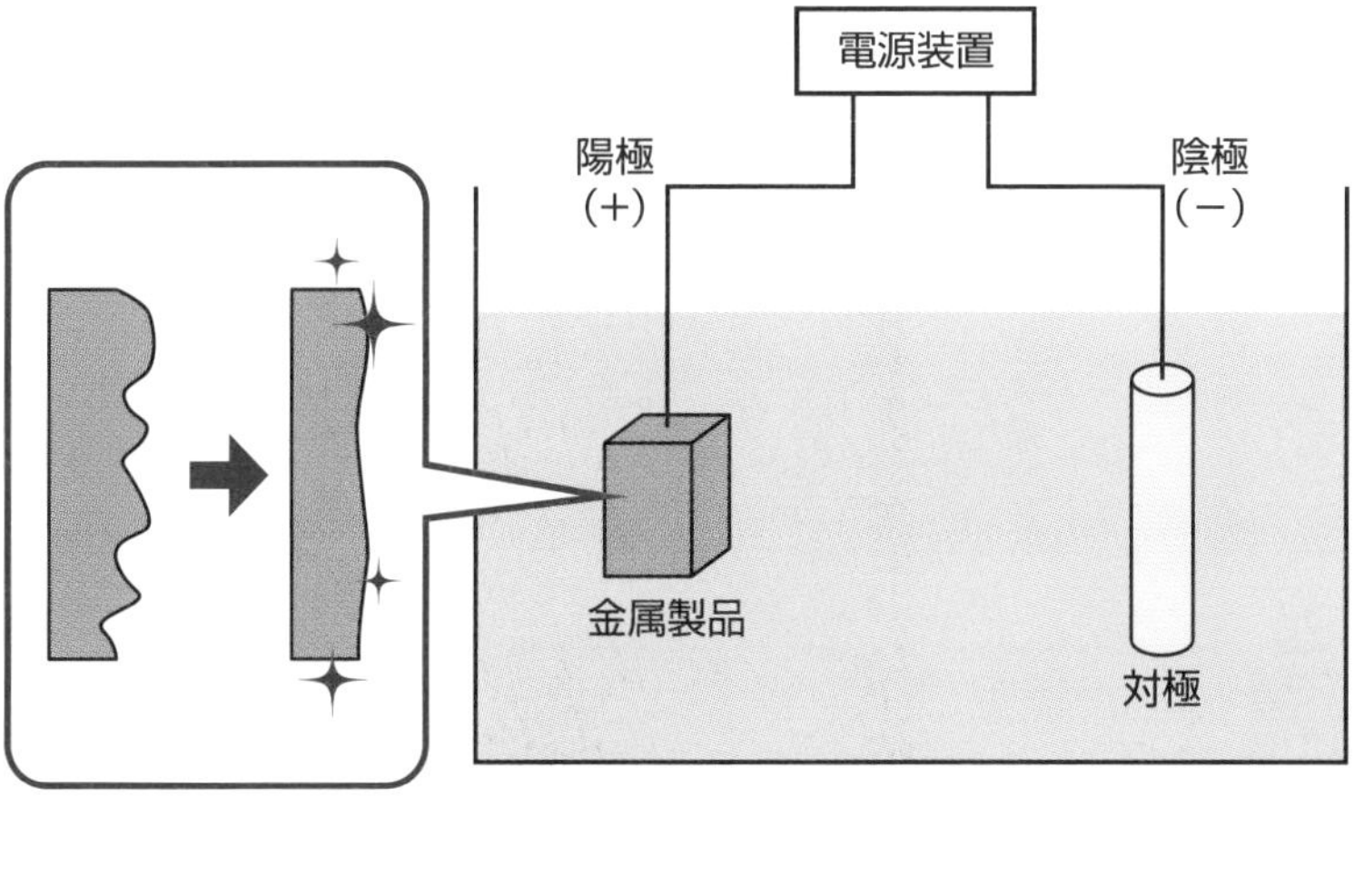

47 電気を発生

マンガン乾電池

物質の化学反応または物理反応によって放出されるエネルギーを、直接電気エネルギーとして取り出す装置のことを電池と呼びます。この電池には、使い切りの一次電池と、受電して繰り返し使える二次電池の2種類があります。具体的な一次電池として、汎用的に使用されているマンガン乾電池やアルカリ乾電池が挙げられます。このマンガン乾電池やアルカリ乾電池から電気が発生する仕組みは、実は、亜鉛の金属腐食によるものなのです。

マンガン乾電池は、最もポピュラーな一次電池です。その構造は、負極に亜鉛、正極に二酸化マンガン、電解質に塩化亜鉛溶液が使用されています。負極では、亜鉛ケースが金属腐食し、亜鉛イオンになり、塩化亜鉛溶液と反応して塩基性塩化亜鉛　$ZnCl_2$・$4Zn(OH)_2$として沈殿します。一方、正極では、二酸化マンガンが電子を得て、また水素イオンが結合し、オキシ水酸化マンガンになります。このように、負極における亜鉛の金属腐食で生じた電子が、正極に向かって流れていき、正極側でも化学反応を引き起こし、これらの反応が連続的に起こることによって電流が流れます。すなわち、マンガン乾電池は亜鉛の金属腐食によって電気が発生しているのです。

アルカリ乾電池は、アルカリマンガン乾電池とも呼ばれています。アルカリ乾電池の構造は、負極に亜鉛、正極に二酸化マンガンとマンガン乾電池と同じで、電解質に水酸化カリウム溶液などのアルカリ水溶液を使用します。これにより、アルカリ乾電池の反応はマンガン乾電池より速く、また負極に亜鉛粉末が使用されていますので、表面積が大きく、大きな電流を長時間流すことができます。

このようにマンガン乾電池やアルカリ乾電池から電気が発生するのは、亜鉛の金属腐食による電気化学反応のおかげなのです。

要点BOX
- ●一次電池と二次電池
- ●負極では亜鉛の金属腐食で電子が生じる
- ●正極では二酸化マンガンが電子を得る

電池の種類

- 電池
  - 一次電池（使い切りタイプ）
    - マンガン乾電池
    - アルカリ乾電池
  - 二次電池（充電タイプ）

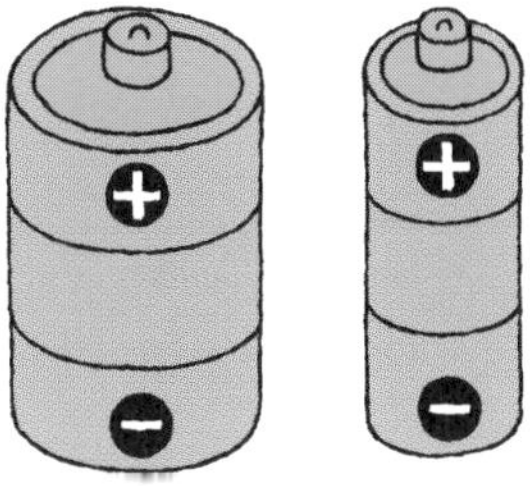

マンガン乾電池、アルカリ乾電池の構造

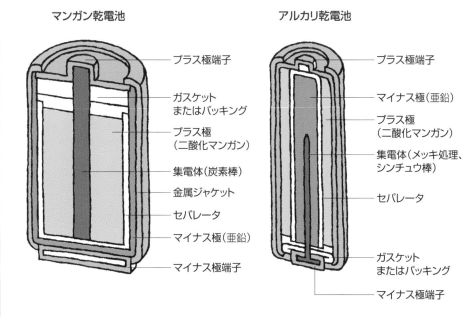

マンガン乾電池

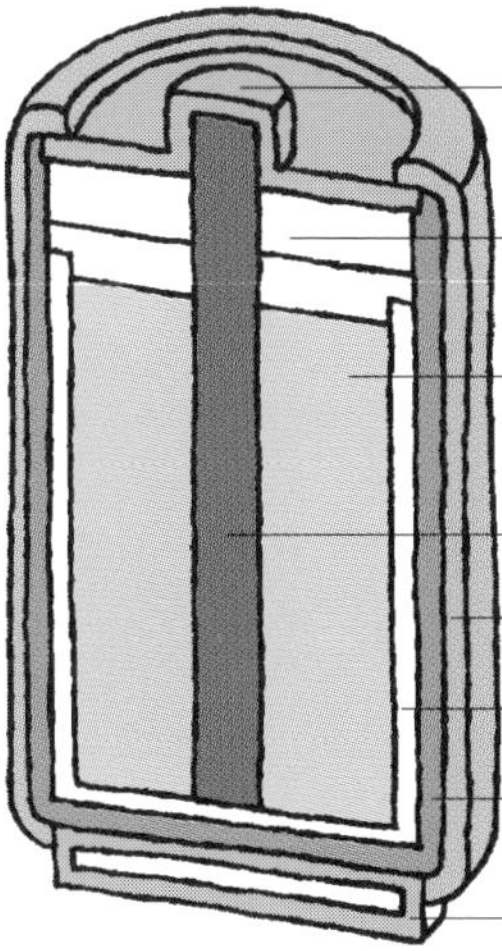

アルカリ乾電池

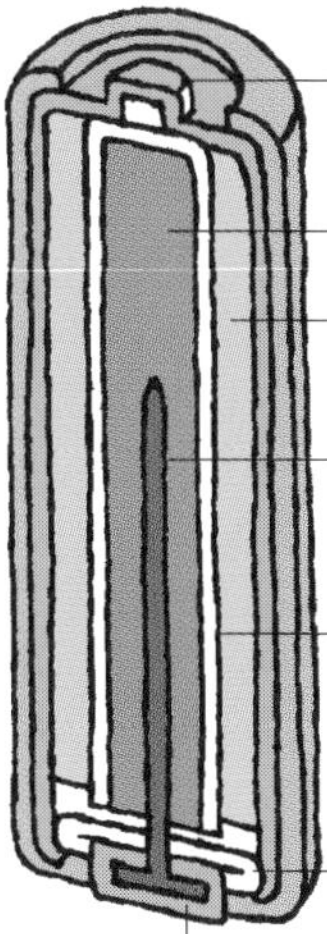

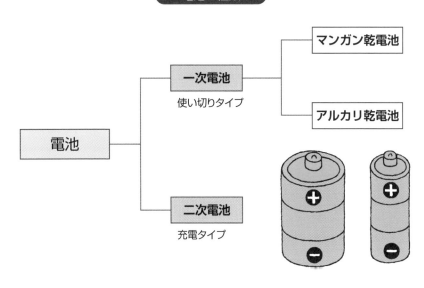

48 人工的なさびで表面を硬く

アルマイト

アルミニウムを陽極として電解液中で陽極酸化処理するアルマイト処理は、アルミニウム表面に大気中で生成する自然酸化皮膜より厚くて多孔質な酸化物を電気化学処理によって人工的に生成させます。そのため、アルマイト処理は、アルミニウムを人工的に金属腐食させて、その表面をさびさせる処理と言えます。

建材や家庭用品に使用される一般的なアルマイトは、アルミニウムに耐食性や意匠性を付与できる一方で、その皮膜厚さは約5～25ミクロンで、その硬さも200HV前後とあまり硬くありません。そのため、各種機械の摺動部に使用すると摩耗してしまいます。特殊な条件でアルマイト処理すると、皮膜厚さが20～70ミクロンで、その硬さが400HV以上のアルマイト皮膜を得ることができます。このようなアルマイトを硬質アルマイトと呼びます。

硬質陽極酸化皮膜は、日本産業規格にて「アルミニウム及びアルミニウム合金の硬質陽極酸化皮膜」の名称で規格されています（JISH8603:1999）。その中で、硬質陽極酸化皮膜に関しては、「低温の電解浴又は各種の有機酸を添加した特殊な電解浴を用いて処理されたアルミニウム材の陽極酸化皮膜。通常の方法で処理された皮膜に比べて硬く、かつ、耐磨耗性に優れることを特徴とする」と定義づけられています。

硬質アルマイトは、表面硬さが高いことから、摺動時の耐摩耗性に優れており、焼き付きやかじりなども発生しにくい特徴があります。そのため、硬質アルマイト処理は、シャフトやロールなどの摺動部品や、航空機関連部品に適用されています。

このように電気化学反応を利用してアルミニウム表面に人工的なさびであるアルマイト皮膜は、アルミニウム合金の表面を硬くさせる効果があり、特に硬質アルマイトは様々な金属部品に用いられています。

要点BOX
●アルミニウムをさびさせる処理
●硬さが400HV以上のアルマイト皮膜
●硬くて耐摩耗性に優れる

アルマイト処理のちがい

	一般的なアルマイト	硬質アルマイト
硬度	200HV前後	400HV以上
皮膜厚さ	5〜25μm	20〜70μm
色調	無色（加飾可能）	灰色
用途	建材、家庭用品、装飾品	シャフトやロールなどの摺動部品

アルマイト処理された金属製品

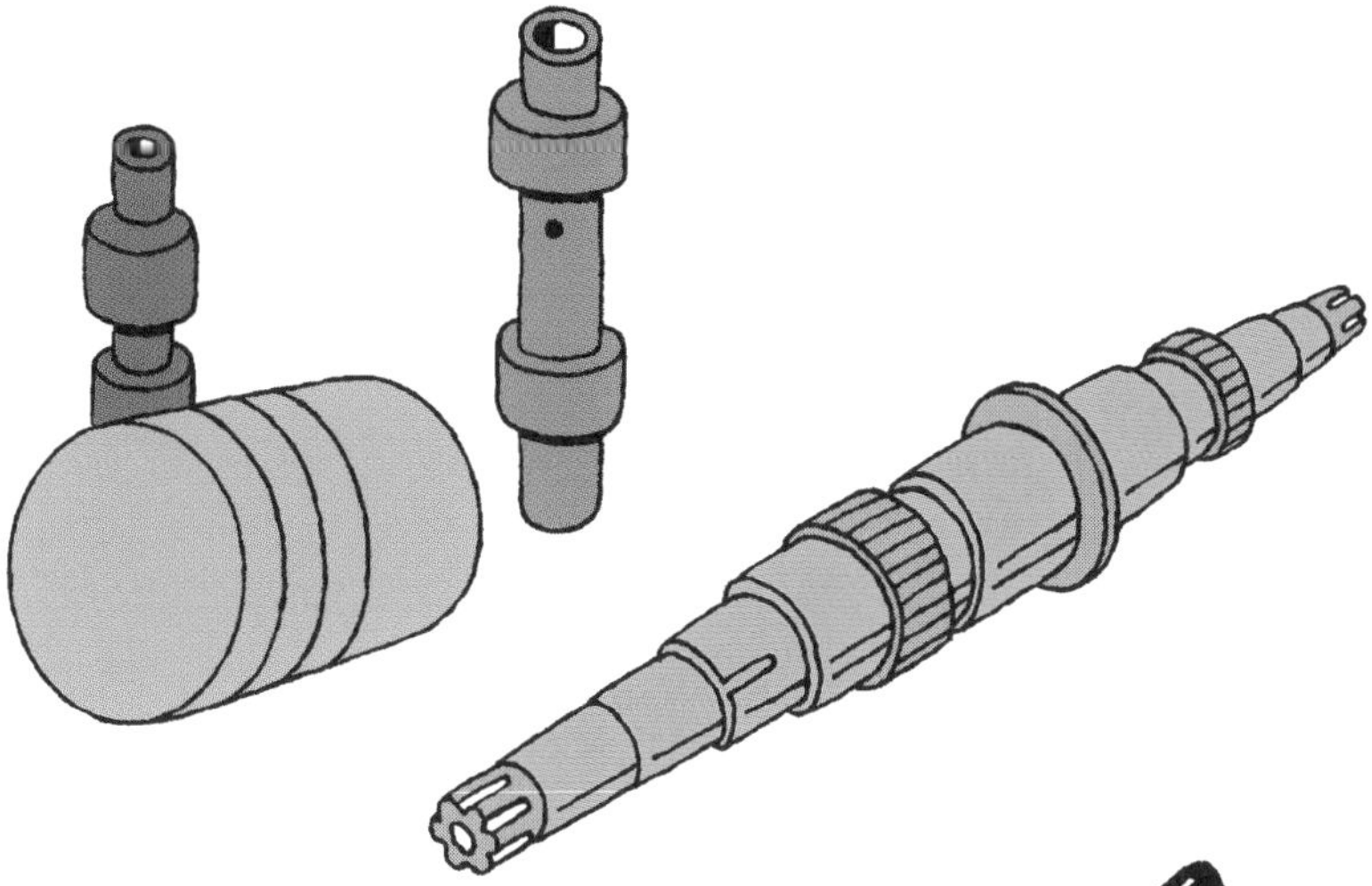

鉄系部品から
アルミニウム部品への
代替も期待できるんだよ

49 色抜けを防止する

封孔処理

アルミニウムを陽極酸化処理したアルマイト皮膜は、バリヤー層と呼ばれる緻密な酸化皮膜と多孔質層からなっています。その多孔質層内に染料を入れることによって着色することが可能ですので、アルマイト処理は加飾を目的とした金属製品に用いられています。しかし、染料によって着色処理されたアルマイト製品は、染料が色抜けしやすい、耐光性が劣るなどの欠点があります。これらの欠点への対応として、封孔処理が行われます。

封孔処理とは、日本産業規格にて「陽極酸化によって生成した多孔質皮膜の微細孔を封じ、耐汚染性、耐食性などの物理的、化学的性質を改善する処理の総称」と定義づけられています（JISH0201:1998）。封孔処理方法の種類としては、水和封孔の他に、無機物や有機物による充填があります。

水和封孔は、沸騰水や加圧水蒸気によって、陽極酸化皮膜処理で生成された多孔質皮膜の微細孔を、水分子を含む水和アルミナのベーマイトやバイヤーライトで封じる処理です。すなわち、アルマイト処理でアルミニウム表面に人工的に生成させたさびの多孔質酸化物を、水和封孔によってさらにさびさせています。

沸騰による水和封孔は、一般的に行われている封孔処理で、温度95℃以上で、pH5・5〜6・5、アルマイト皮膜厚さ1ミクロンあたり2〜3分間浸漬します。

水蒸気による水和封孔は、加圧蒸気釜の中に入れて、約0・3〜0・5MPaの水蒸気で20〜40分間保持します。主にシュウ酸陽極酸化皮膜の封孔処理に使用されています。水蒸気による水和封孔は、アルマイト皮膜の水和反応が速く進行し、耐食性が良い皮膜が得られますが、加圧蒸気釜を使用しますので、処理対象物の大きさに制限があります。

このような沸騰水や加圧水蒸気処理は、薬品を使用する必要がないため、環境に優しい新たなアルミニウムの表面処理加工として期待されています。

要点BOX

- ●多孔質皮膜の微細孔を封じる
- ●水和封孔や無機物、有機物による充填
- ●沸騰水や加圧水蒸気による封孔

アルマイト処理のしくみ

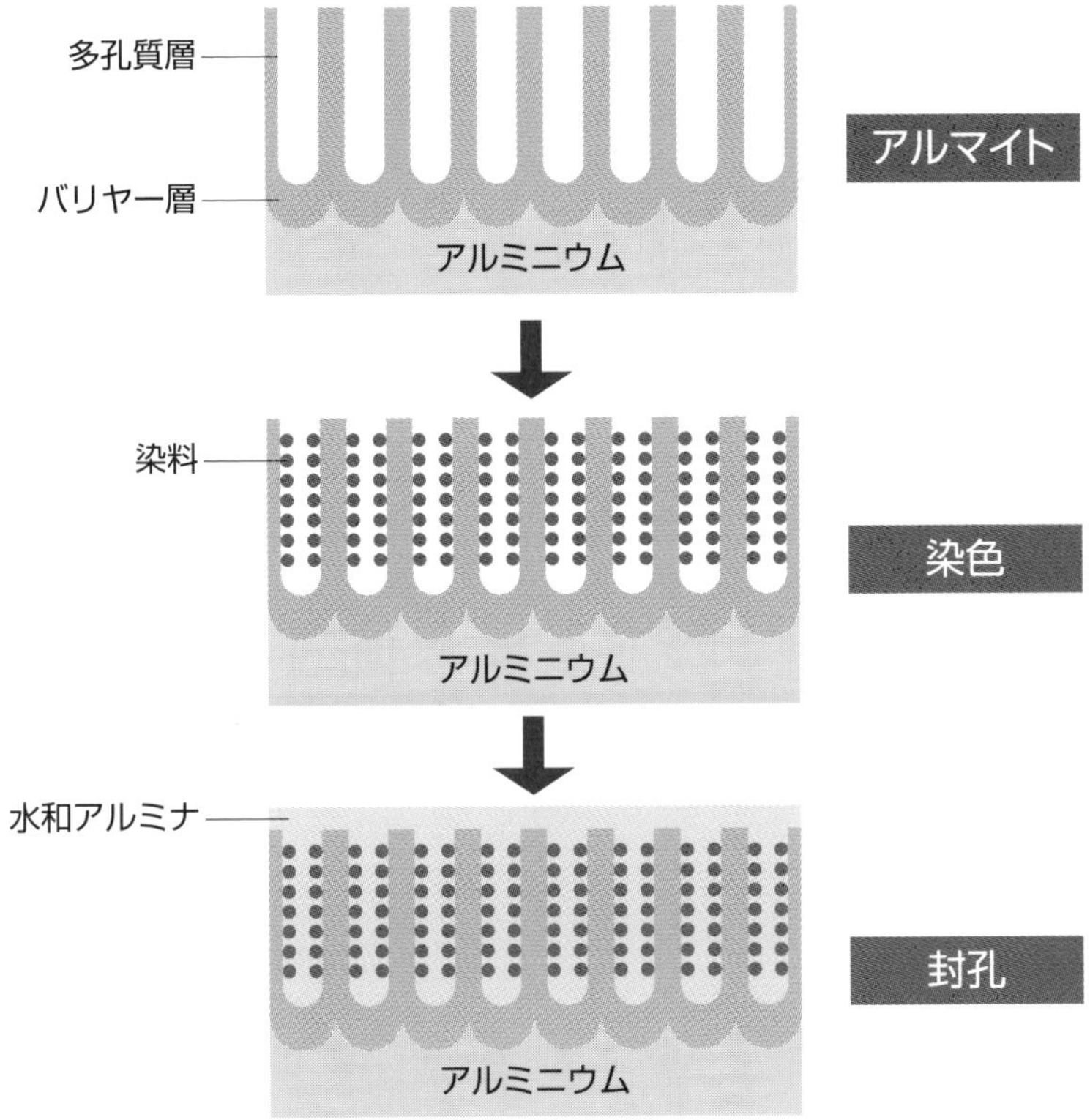

水和封孔の種類

水和処理	処理条件	備考
沸騰	95℃以上、2〜3分/μm	簡易的
水蒸気	0.3〜0.5MPa、20〜40分	加圧蒸気釜のため大きさに制限

50 さびでさびを制する

不働態皮膜と緑青

ステンレス鋼は、その表面に合金成分の1つであるクロムの酸化皮膜、すなわちクロムのさびが生成し、その結果、ステンレス鋼が金属腐食せずに耐食性が担保されています。このような皮膜を不働態皮膜と呼び、英語ではPassive Filmと表現します。

ステンレス鋼と同様に、不働態皮膜を作る金属材料としてチタンやアルミニウムがあります。これらの金属材料の表面に生成する不働態皮膜の厚さは、100万分の1ミリ程度の極めて薄い皮膜で、この不働態皮膜によって、さびの進行を抑制しています。

不働態皮膜ほど薄くはありませんが、ステンレス鋼と同様に、さびの進行を抑制するさびがあります。それは、銅や銅合金の表面に生成するさびです。公園や街角にある銅製モニュメントや、神社や仏閣などの銅吹屋根で見られるように、銅や銅合金が屋外で曝されて放置されると、酸素、二酸化炭素、水が作用して、その表面が大気腐食によって美しい青緑色の皮膜で覆われます。この青緑色の皮膜は緑青と呼ばれ、その成分として、塩基性硫酸銅（$CuSO_4$・$3Cu(OH)_2$）、塩基性炭酸銅（$CuCO_3$・$Cu(OH)_2$）、塩基性塩化銅（$CuCl_2$・$3Cu(OH)_2$）が知られています。

この緑青は銅のさびの1種で、その厚さは約1ミクロン（1000分の1ミリ）程度です。緑青は、短時間で生成されることはなく、おおよそ20～30年程度の時間を経て形成されます。銅の色調は赤銅色で、大気に曝されると銅の表面に酸化銅や亜酸化銅が生成して、その表面色は薄褐色になります。その後、次第に暗褐色になり、歳月を経て緑青が生成されます。この緑青は、銅の表面に付着して内部の銅が金属腐食されることを防ぐ保護的な役割を有していますので、鉄の赤さびのように、限りなくさびが進行し続けることはありません。

このように、ステンレス鋼の不働態皮膜や銅の保護皮膜のさびによって、さびの進行が抑制されます。

要点BOX

- ●不働態皮膜によってさびの進行を抑制
- ●緑青の生成には20～30年程度の時間が必要
- ●さびによって、金属材料のさびが抑制

金属材料の表面

皮膜（さび）
金属材料

さびを抑制するさび(皮膜)の種類

	皮膜(さび)	厚さ	効果
ステンレス鋼 チタン アルミニウム	不働態皮膜	100万分の1mm	さびの進行を抑制
銅 亜鉛	保護皮膜	1000分の1mm	
鉄	赤さび	ー	さびが進行し続ける

何年経っても
銅像の姿が変わらないのは、
緑青のおかげなんだね

51 銅製品を加飾

化成処理による着色

金属腐食によって金属表面に形成される皮膜は、皮膜自体の色調や、その厚さによる干渉効果により、様々な色調を示します。この特徴を活かした金属の着色方法として、金属腐食させて酸化物や硫化物の皮膜を形成させる化成処理があります。化学反応で素地とは異なる酸化物や硫化物などの非金属の皮膜を生成させる化成処理は、銅や銅合金の着色に利用されます。

富山県高岡市は、伝統工芸の銅器産地として400年余りの歴史を有する国内では数少ない地域の1つです。現在でも伝統的な製作方法が継承されており、茶器や花器、香炉、仏具、梵鐘などの多くの銅製品が生産されています。

化成処理による銅製品の着色は、高岡銅器の表情を決定する工程と呼ばれており、熟練職人が様々な技法を駆使して、金属表面を化成処理により腐食させて鮮やかな色調を付与しています。高岡銅器の着色に用いられている伝統的な銅合金の着色として、銅製品を焼いたり、煮たり、漬けたり、擦ったりしながら化成処理を施した様々な技法が用いられています。

日本固有の銅着色法として、煮色着色が挙げられます。この着色法は、銅塩を含む弱酸の溶液中で数十分から数時間煮込んで、銅表面に赤褐色の美しい皮膜を形成させる方法で、数百年以上前から行われてきた伝統的な化成処理です。高岡銅器の着色として、場合によっては、色付けの際に、大根おろしと一緒に煮たり、糠みそをつけて赤くなるまで熱したりしながら、発色させています。

高岡銅器の着色技法では、青色、緑色、黒色、茶色、赤色などの様々な色を出すことができ、またマーブル調の模様にも仕上げることが可能なので、最近、雑貨やインテリア製品、建材などにも応用展開されています。

要点BOX
- 金属腐食させて酸化物や硫化物の皮膜を形成
- 煮色着色は日本固有の銅着色法
- 雑貨やインテリア製品、建材などにも応用展開

主な伝統的着色仕上げ

名称	色合い
古銅色 (こどうしょく)	黒っぽく、古美術品のような色調
徳色 (とくいろ)	赤っぽい色調
鍋長色 (なべちょういろ)	緑がかった黄色
青銅色 (せいどうしょく)	緑青色
焼青銅色 (やきせいどうしょく)	朱色を分散的に発生させた色調
焼朱銅色 (やきしゅどうしょく)	焼青銅色より顕著な朱色

化成処理された銅製品

・茶器
・花器
・香炉
・仏具
など

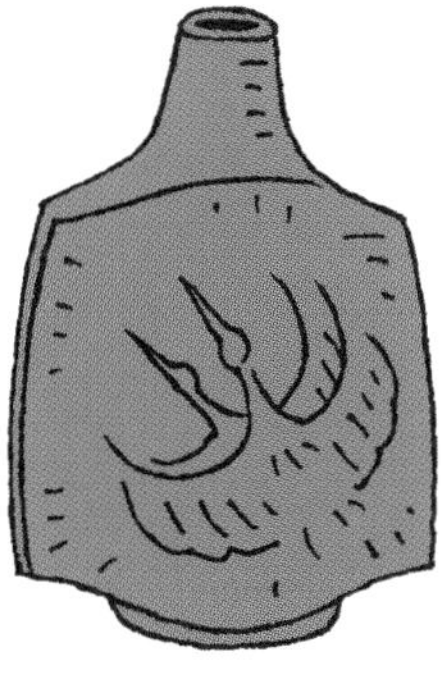

52 鉄を守る

犠牲防食を利用した鉄の防食

異なる2種類の金属材料間で発生する金属腐食を異種金属接触腐食と呼びます。その異種金属接触腐食の原理を利用して、意図的に異種金属を接触させて片方の金属材料を保護することを犠牲防食と呼びます。犠牲防食を英語では、Sacrificial Protectionと表現されます。

犠牲防食を利用した代表的なものは、鉄の防食を目的とした亜鉛めっきです。亜鉛めっきが施された普通鋼は、屋根や外装に使用される亜鉛めっき鋼板や、鉄塔や橋梁などに使用される亜鉛めっき鋼材があります。亜鉛めっきが施された状態で使用される場合もあれば、その表面にさらに塗装を施す場合もあります。

鉄に対する亜鉛めっきの防食機能は、一般の大気環境中では主として亜鉛の腐食生成物による保護作用と、傷などによって素地の鉄が局部的に露出した場合にその腐食を抑制する犠牲防食作用があります。

亜鉛めっきを大別すると、溶融めっきと電気めっきの2種類があります。溶融めっきは、溶融した亜鉛の中に鋼材を浸漬させて、その後に溶融亜鉛から引き揚げて冷却して鋼材の表面に亜鉛めっきを施す方法で、どぶ漬けめっきとも呼ばれています。溶融めっきは、比較的安価なめっき方法で、ボルト・ナットなどの小物から、建築構造物やガードレールなどの長尺材まで幅広く亜鉛めっきを施すことができます。通常、溶融亜鉛めっきの表面には、冷却速度の違いによって、大小様々な模様が形成されます。これをスパングルと呼びます。

電気めっきは、電気化学的に鋼材の表面に亜鉛をめっきする方法です。電気めっきの亜鉛めっき皮膜厚さは、溶融めっきより薄いので、耐食性は溶融めっきより劣りますが、仕上がりの表面状態は、電気めっきのほうが優れています。電気めっきは、鋼板や自動車部品に適用されています。

要点BOX
- ●腐食生成物による保護作用と犠牲防食作用
- ●比較的安価な溶融めっき
- ●仕上がりの良い電気めっき

溶融めっき(どぶ漬けめっき)

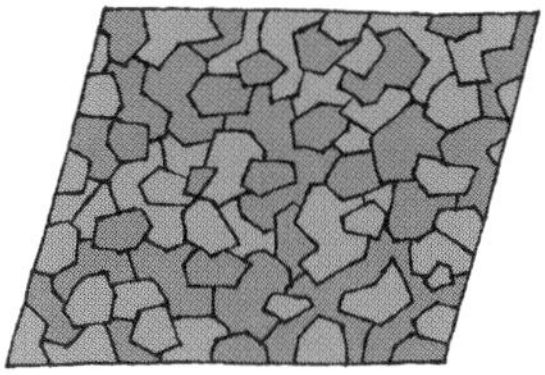
スパングル

亜鉛めっきの種類

	方法	耐食性	適用
溶融めっき	溶融した亜鉛に浸漬	○	ボルト・ナット 建築部材などの長尺物
電気めっき	電気化学的にめっき	△	鋼板、自動車部品

日本で初めて
溶融亜鉛めっきが
行われたのは
明治16年のようだな

53 ナノポーラス金属

触媒や電極、センサーに使用

自然界にある樹木や葉、動物の骨など、水分や栄養の供給、軽量性と強度の観点から、多孔質な構造からなるものが多くあります。同様の構造の小さい無数の気孔からなる多孔質な金属材料のことを、ポーラス金属、あるいは発泡金属と呼びます。

ポーラス金属は、気孔の形態や材質によって様々な機能が発現しますので、様々な分野での利用が期待されています。気孔の形態としては、独立した気孔からなるクローズドセル型と、気孔が貫通したオープンセル型の2種類があり、それぞれの形態によってポーラス金属の用途が異なります。具体的には、クローズドセル型のポーラス金属は、強度を持ちながらも軽量なので自動車のバンパーなどのエネルギー吸収部材、優れた遮音性と吸音性を有しているので吸音材への適用があります。一方、オープンセル型ポーラス金属は、浸透性、通気性等の観点から電極やフィルター、触媒などへの適用があります。これらのポーラス金属は、製法の関係上、気孔サイズが数ミクロン以上の大きさのものがほとんどでした。

ポーラス金属をより高性能な電極や触媒に使用する場合、単位質量あたりの表面積である比表面積がより大きい、1ミクロン以下の気孔サイズが求められます。気孔サイズが1ミクロン以下のナノポーラス金属を実現させる方法の1つとして、脱成分腐食を利用した製法があります。酸・アルカリ水溶液などの腐食水溶液中での局部腐食による脱成分腐食を活かして、特定の成分元素のみを選択的に溶出させて、ナノポーラス金属を作製することができます。ナノポーラス金属は、比表面積が大きいので、触媒、電極、センサーとして用いられます。脱成分腐食は、黄銅の脱亜鉛腐食のように、金属材料を構造材料として使用する場合に大きな問題となる局部腐食でした。このようなネガティブな脱成分腐食は、ナノポーラス金属の作製に活かすことができます。

要点BOX
- ●小さな無数の気孔からなる多孔質な金属材料
- ●気孔サイズが1ミクロン以下
- ●脱成分腐食を利用した製法

クローズドセル型

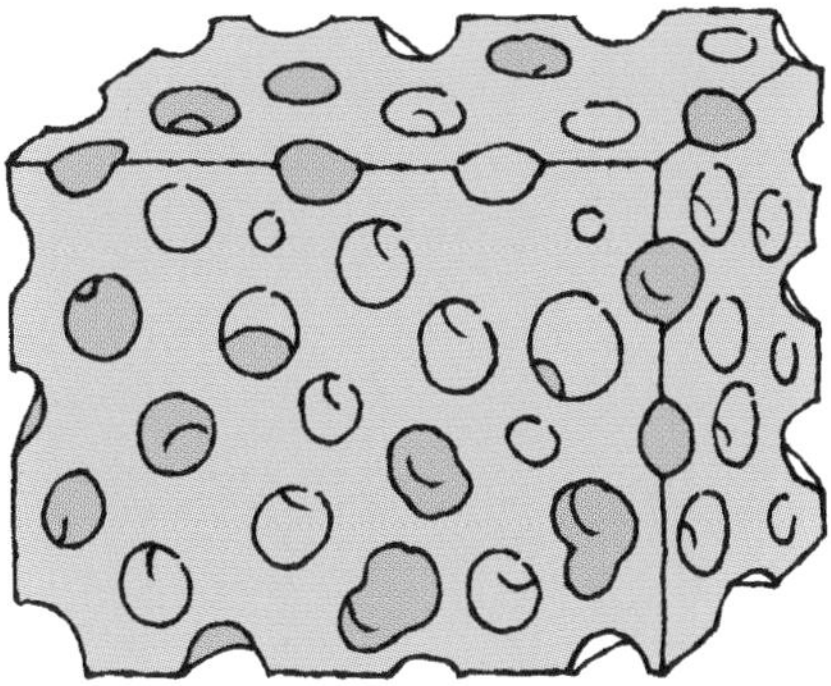

オープンセル型

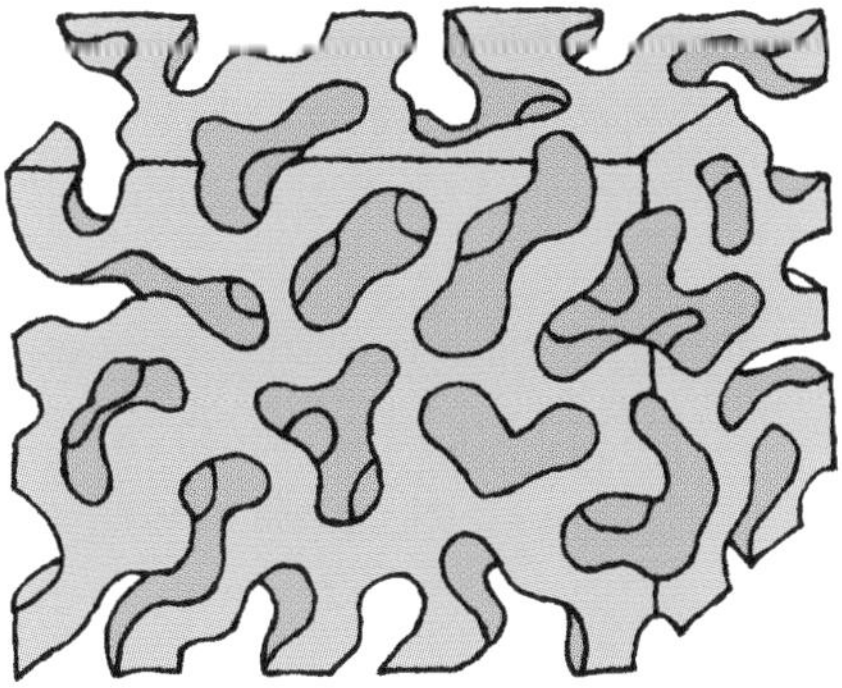

気孔サイズ

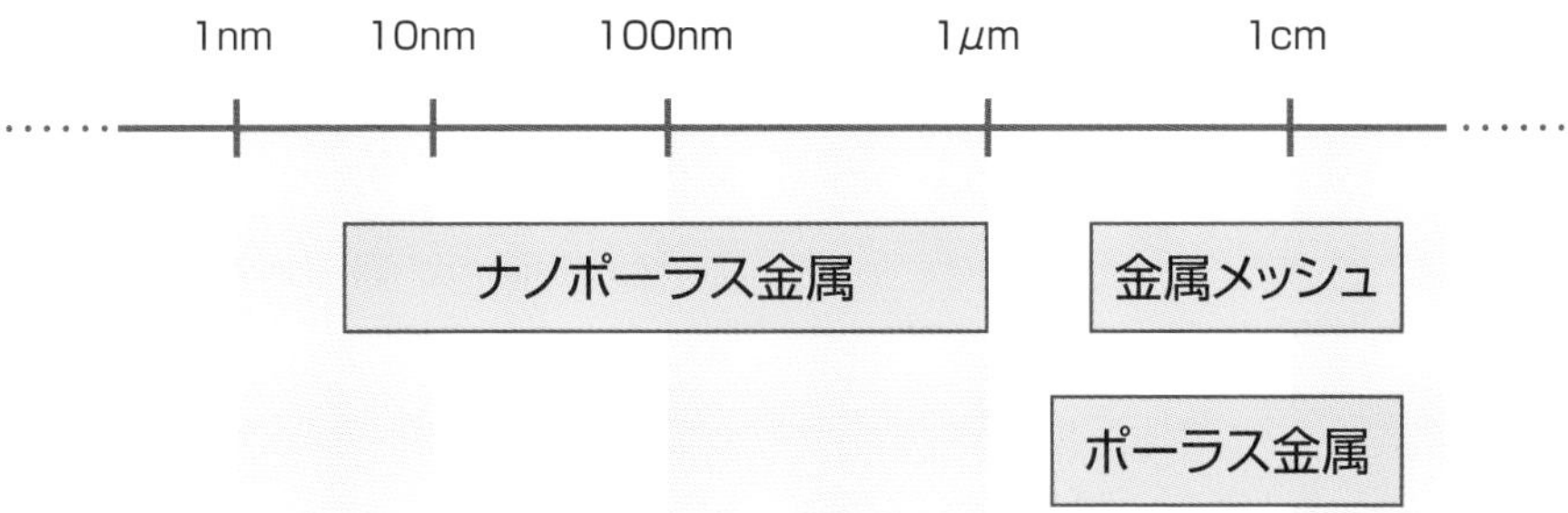

54 さびの色を活かす

日本の美を彩る鉄のさび

鉄さびをその色調で大別すると、赤さびと黒さびの2種類に分けられますが、鉄さびを化学構造で分けると複数の種類があります。その中で、α酸化第二鉄をベンガラと呼びます。ベンガラというその名の出来は、インドのベンガル地方で産出したことによるそうです。

ベンガラは、人類が最初に使った赤色の無機顔料と言われており、フランスのラスコー洞窟やスペインのアルタミラ洞窟などにも使用されています。日本でも、ベンガラは日本の美を彩る赤顔料として古くから磁器や漆器、建築材の顔料に使用されてきました。具体的には、九谷焼の赤絵や輪島塗の赤漆、赤い格子戸の弁柄格子などです。格子戸にベンガラを塗布したのは、腐敗菌発生の抑制と木材の腐食防止が目的だったそうです。

日本でベンガラが生産されたのは１９０７年頃で、現在の岡山県高梁市成羽町吹屋だったようです。当時、ベンガラは吹屋銅山の副産物の硫化鉄鉱を原料として作られており、その鮮やかな赤色から、吹屋ベンガラとして日本全国に販売されました。最近の研究によって、吹屋ベンガラの鮮やかな赤色は、不純物のアルミニウムが含まれていること、またベンガラの粒子が１００～２００ミクロンと非常に細かいことが関係していることがわかりました。

また、ベンガラは食品にも使用されています。それは、滋賀県近江八幡市の名物の赤こんにゃくです。地元で慣れ親まれている赤こんにゃくの由来は、派手好きな織田信長がこんにゃくまで赤く染めさせたとか、近江商人が全国を行脚している際にこのような奇抜なアイデアを思いついたなどの諸説があるようです。

このように、鉄のさびであるベンガラは、日本の美の彩りで役立っています。

要点BOX

- α酸化第二鉄からなるベンガラ
- 人類が最初に使った赤色の無機顔料
- 食品の着色にも使用

鉄さび(ベンガラ)を利用した製品

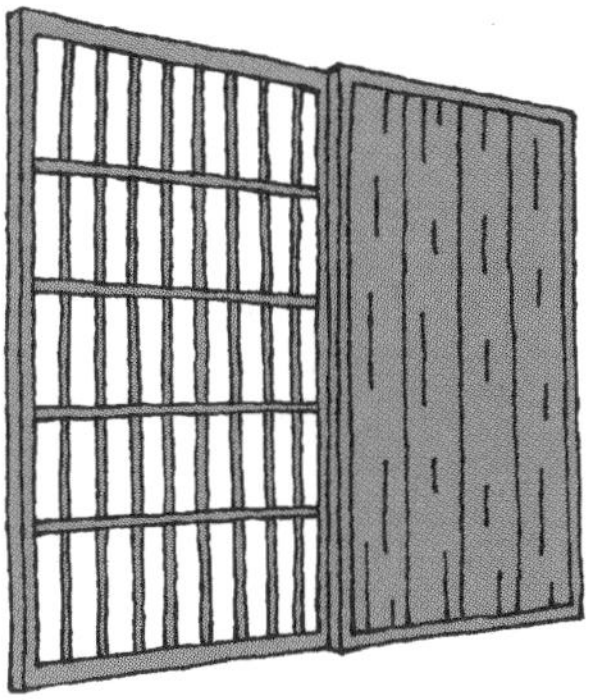

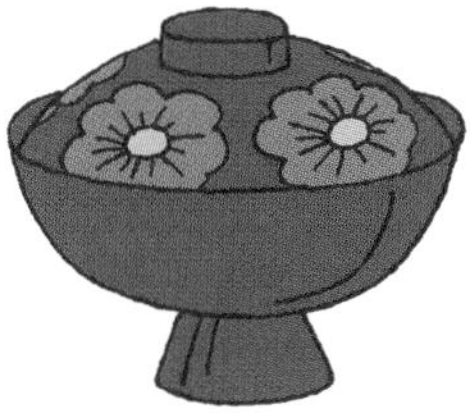

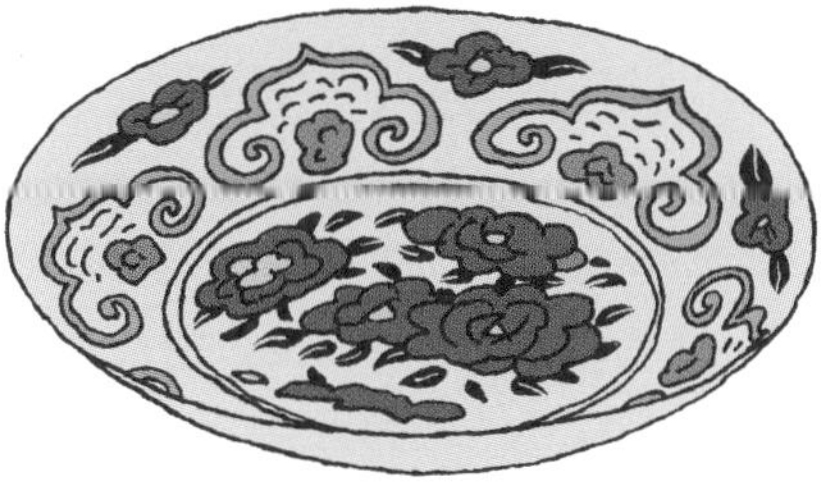

赤こんにゃく

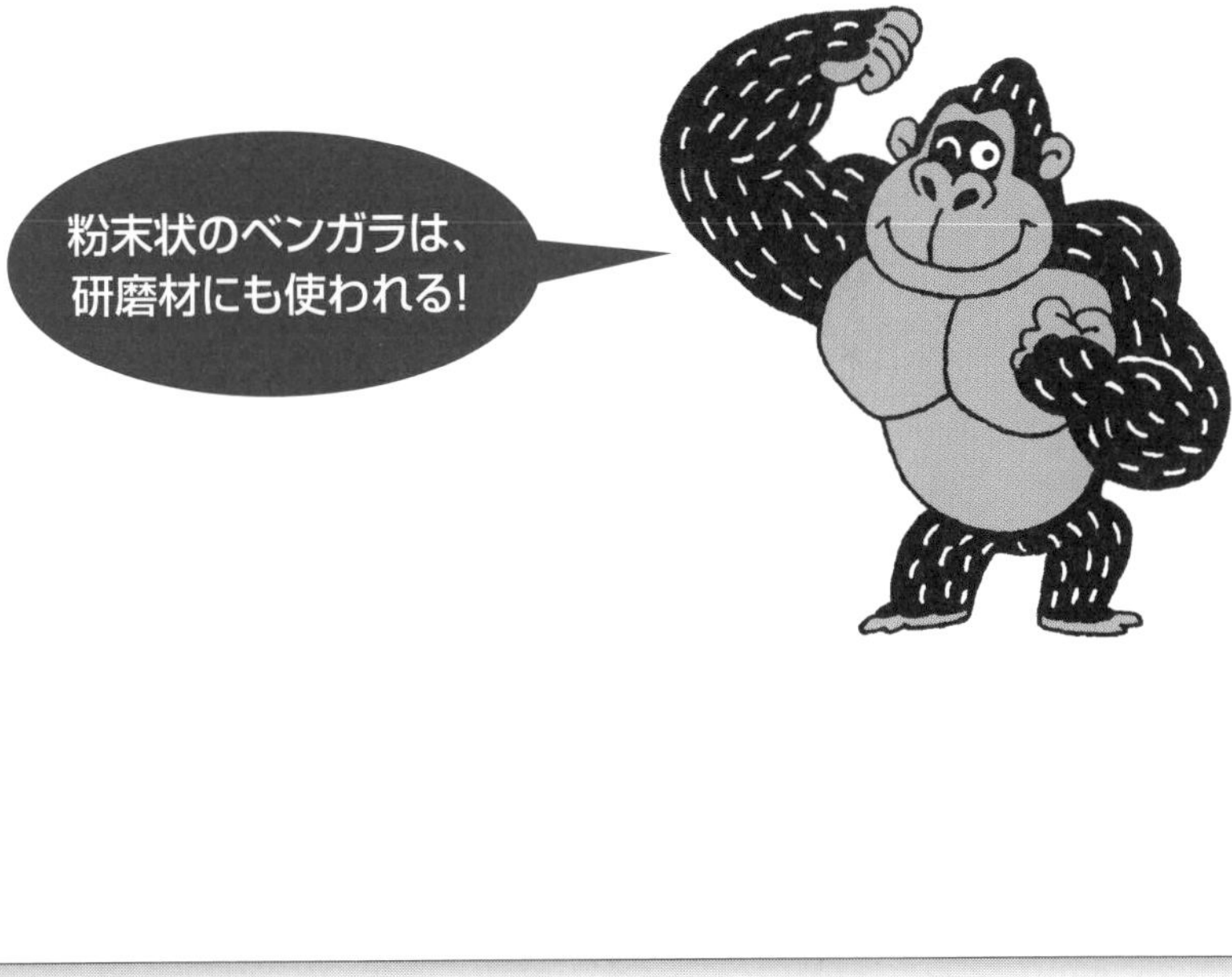
粉末状のベンガラは、
研磨材にも使われる!

ウイスキーのポットスチル なぜ銅？

ウイスキーの元となるもろみは、糖化、ろ過した麦汁に酵母を加えてアルコール発酵させて造られます。このもろみをポットスチルと呼ばれる単式蒸留釜で加熱・蒸発・凝縮させて、アルコール濃度の高い液体を取り出します。これを樽に詰めて熟成させることで、ウイスキー原酒が完成します。

このもろみを加熱・蒸発させるポットスチルには、銅が使用されています。この理由の1つに、その構造と形状があります。ポットスチルの構造は、もろみを入れて加熱・蒸発させる蒸溜釜、蒸気を冷却して凝縮させる冷却器、釜と冷却器をつなぐパイプからなります。その複雑な形状を形作るには、塑性加工しやすい銅が適していたと考えられます。

もう1つ理由があります。それは、もろみに含まれているウイスキーの風味を害する硫黄系化合物の除去があります。硫黄系化合物は、蒸留の過程で、ポットスチルの銅と反応して、蒸留されたアルコール濃度の高い液体への混入が防がれます。これは、銅が硫黄と反応して硫化系の銅化合物の生成、すなわち銅の硫化系のさびが生成することによって除去されます。ちなみに、この銅の表面に形成される硫黄化合物は、定期的に除去して、銅の表面を露出させる必要があるそうです。

これまでのポットスチルのほとんどは、板材を塑性変形させる板金加工によって形作られていました。最近、溶けた金属を鋳型に流して成形する鋳造加工によるポットスチルの成形技術が開発されて、長寿命、形状の自由度の観点で注目されています。

第8章

金属腐食を評価・分析する

55 腐食試験の分類

耐食性と防食性を評価

私たちの身の周りで使用されている金属材料は、様々な環境に曝されます。そのため、いずれは金属腐食が発生し劣化して寿命に至ります。予期しない金属腐食のトラブルを解決するには、金属腐食の要因を特定して対策を打つ必要があります。具体的な金属腐食への対応として、耐食性の優れる金属材料への変更や、各種の防食処理の実施が挙げられます。これらの対応を評価する目的で行われる試験を腐食試験と呼びます。腐食試験は、上述の目的以外に、金属材料や金属製品の品質評価にも使用されます。

腐食試験を大別すると、実際の環境で行う実環境試験と、実環境で発生する金属腐食を促進させた条件で行う促進試験、電気化学試験の3つに分けられます。

実環境試験は、実際に金属材料が使用される環境で行う腐食試験で、実地腐食試験やフィールド試験とも呼ばれます。具体的な試験方法としては、大気暴露試験、海水腐食試験、土壌腐食試験などがあります。

促進試験は、実際の環境で発生する金属腐食の腐食因子を抜き出し、場合によっては、条件を調整して金属腐食が加速するような条件で行う腐食試験です。促進試験は、実環境試験に対して比較的早く試験結果が得られ、また試験を実験室で行うことも可能なので、実験のしやすさもメリットとして挙げられます。一方で、促進試験においては、目的に合致した試験方法の選定や、試験条件の再現性、実環境との相関などを考慮する必要があります。具体的な試験方法としては、浸漬腐食試験、塩水噴霧試験、特定の金属材料を対象とした試験があります。

電気化学試験は、電気化学的に電位や電流を測定しながら金属腐食の挙動を測定する腐食試験です。

一般的に腐食試験は、促進試験、実環境試験の順で行われる場合が多いようです。

要点BOX

- 実際の環境で行う実環境試験
- 腐食因子を抜き出した促進試験
- 促進試験、実環境試験の順で実施

金属腐食試験の目的

・耐食性や防食処理の評価
・金属材料や金属製品の品質評価

腐食試験の分類

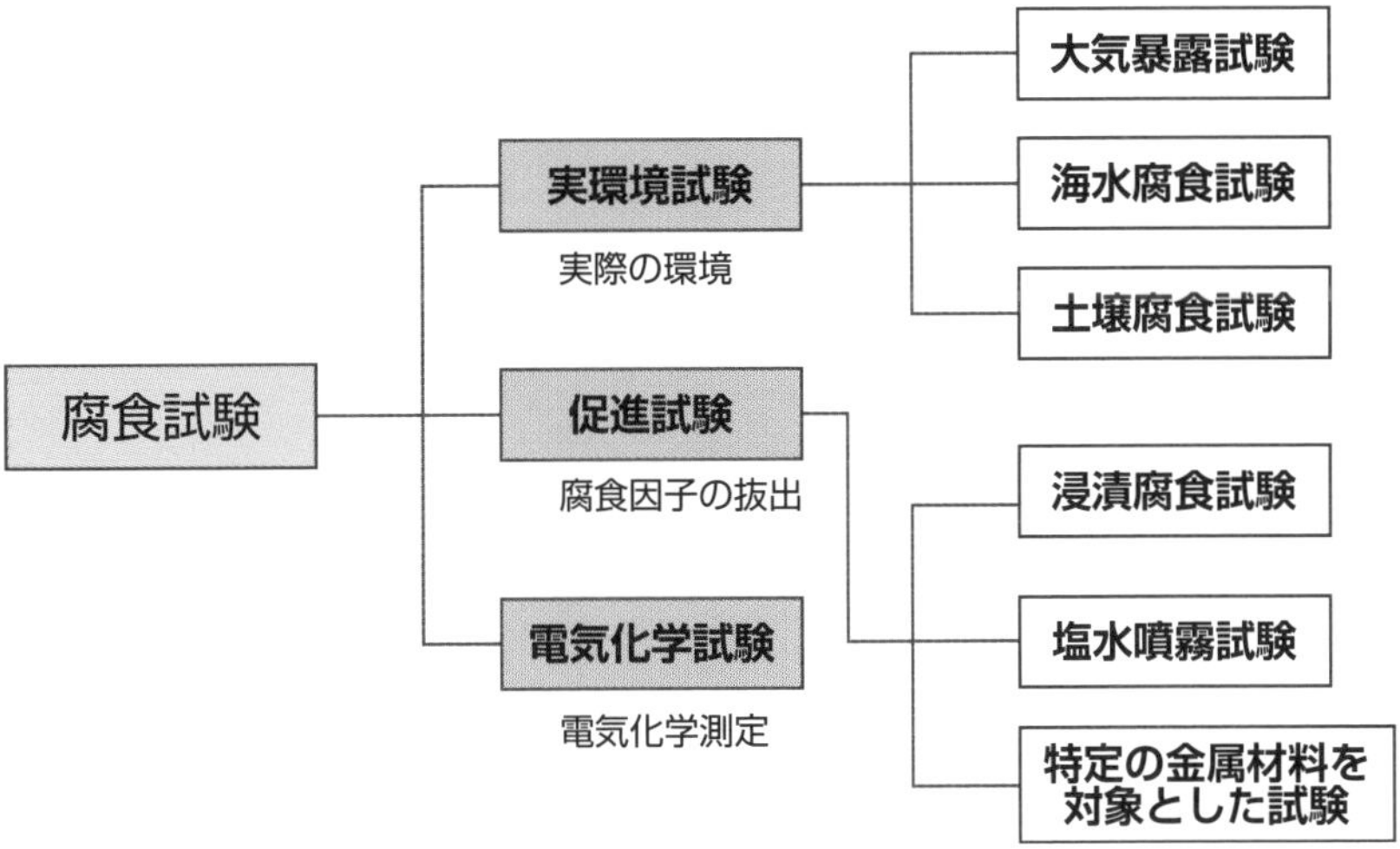

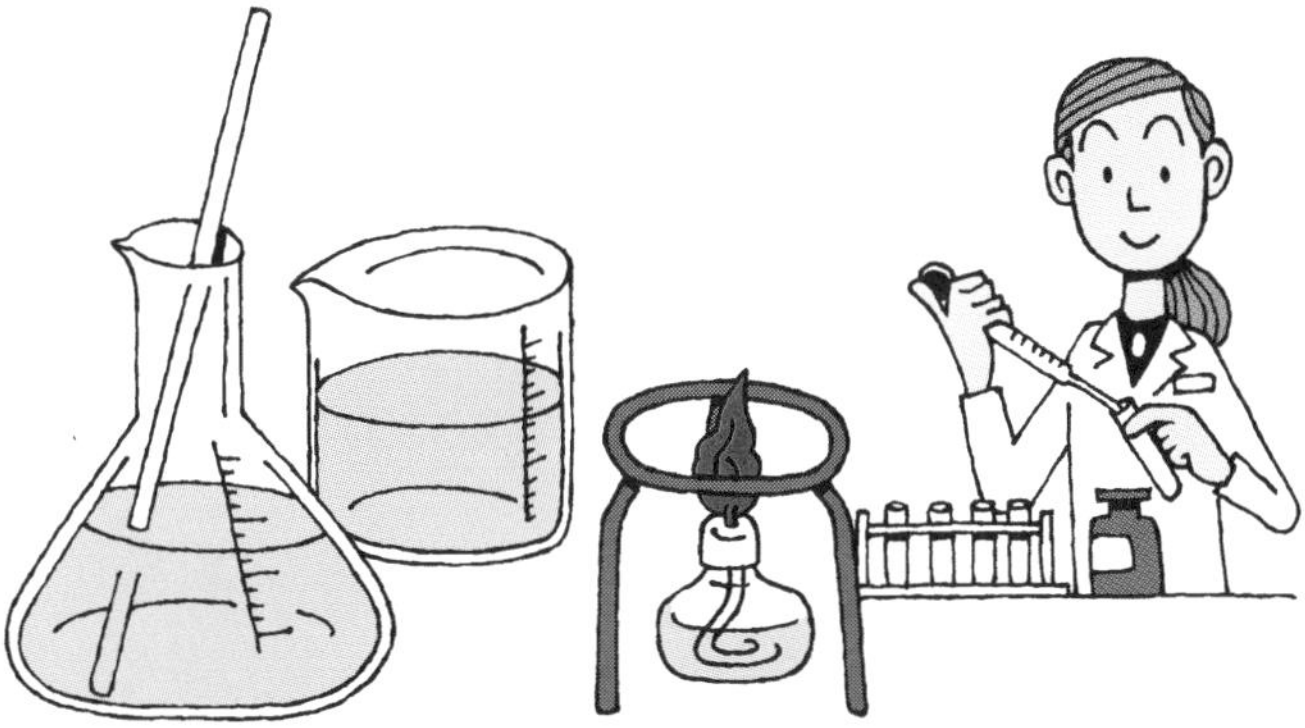

56 実環境試験

実際の環境で金属腐食を評価する

実際の環境での腐食試験を実環境試験、あるいは実地腐食試験と呼びます。実環境試験は、実際の環境での腐食試験ですので、人工的に行われる促進試験と比較して、現実に即した信頼性の高い金属腐食結果が得られます。一方で、その試験時間は長い場合で10年など、試験結果が得られるまで時間がかかります。そのため、実環境試験はあらかじめ促進試験を行った上で選定された金属材料の耐食性や防食条件を評価する場合の適用が多いようです。具体的な実環境試験として、大気暴露試験、海水腐食試験、土壌腐食試験が挙げられます。

大気暴露試験は、開放および遮へい大気環境下で金属材料や金属製品を暴露して、これらの化学的性質や物理的性質、性能の変化を調査する目的で行います。暴露試験方法として、日照や雨、風などの気象因子を直接受ける直接暴露試験、板ガラスで覆った試験箱で雨や雪などの直接的な影響を除いたアンダーグラス暴露試験、日照、雨、雪、風などの直接的な影響を避けた状態で暴露する遮へい暴露試験、内外面の全面に黒色処理を施した試験箱を用いるブラックボックス暴露試験があります。

海水腐食試験は、船舶や港湾施設、海洋構造物などに使用する金属材料の海水での金属腐食を評価することを目的としています。海水腐食試験は、実際の海水中に評価したい金属材料を浸漬させますので、促進試験では再現できない貝や藻類などの生物の付着による影響も考慮した評価が可能です。また、土壌腐食試験は、土壌に埋没されるガス配管や水道配管、各種の構造物などに使用する金属材料の土壌での金属腐食を評価することを目的としています。

大気暴露試験や海水腐食試験、土壌腐食試験などの実環境試験で得られた結果は、各種促進試験の結果との相関性を評価する場合の基準にも使用されます。

要点BOX
- 信頼性の高い金属腐食結果
- 大気暴露試験、海水腐食試験、土壌腐食試験
- 促進試験の結果との相関性を評価する場合の基準

実環境試験の特徴

	実環境試験:実際の環境で試験
メリット	現実の即した信頼性の高い金属腐食結果が得られる
デメリット	試験結果が得られるまで時間を要する

実環境試験の分類

実環境試験

- **大気暴露試験**
  - ·直接暴露試験
  - ·アンダーグラス暴露試験
  - ·遮へい暴露試験
  - ·ブラックボックス暴露試験
- **海水腐食試験**
  - ·海水中への浸漬
- **土壌腐食試験**
  - ·土壌への埋没

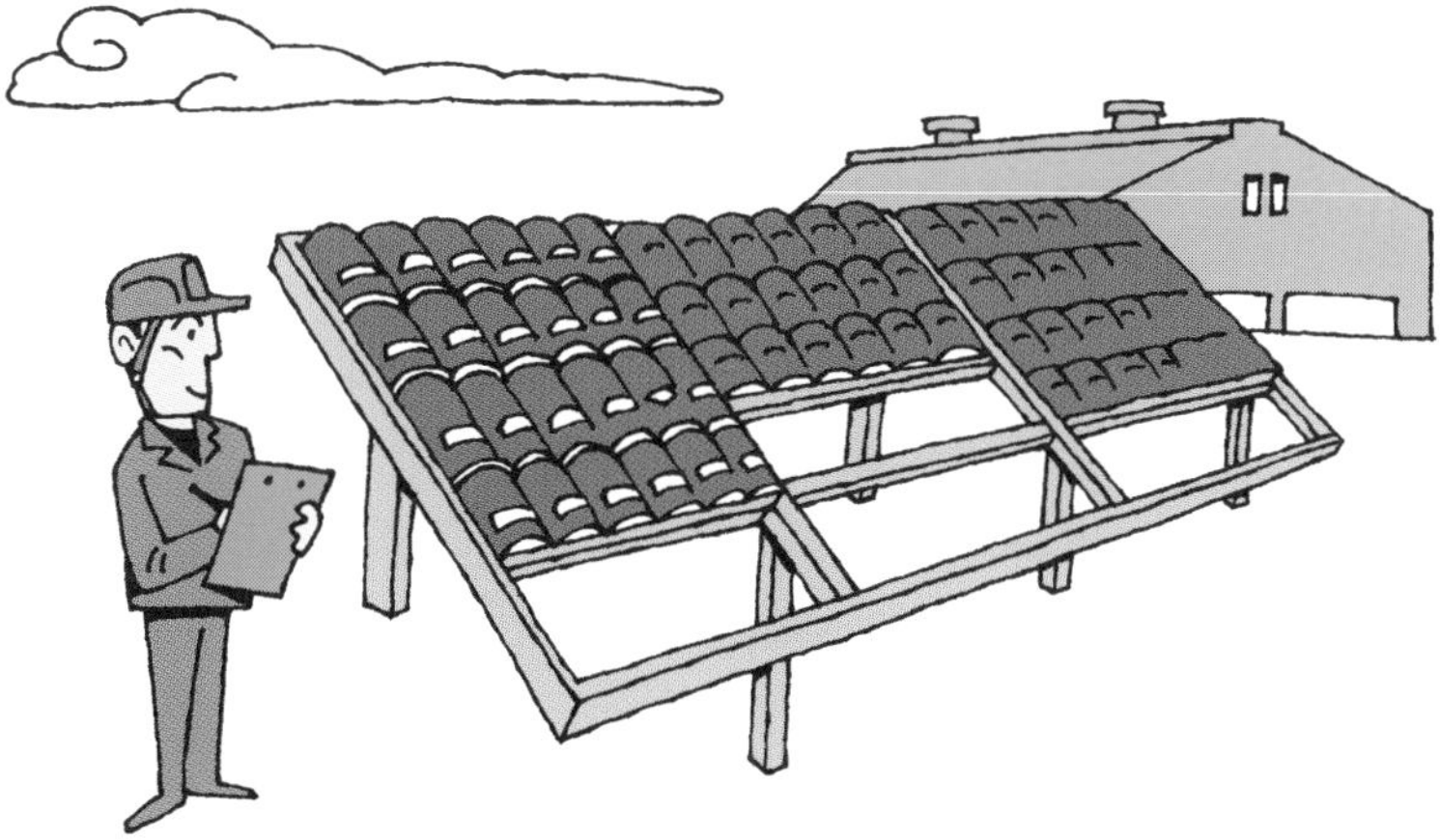

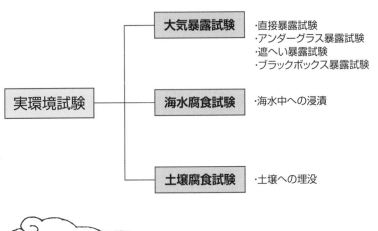

57 促進試験

短時間で金属腐食を評価する

促進試験は、短時間で金属腐食を評価することを目的とした試験です。一般的には、実環境で発生する金属腐食の腐食因子を用いて実環境より過酷な条件で実施します。促進試験は、金属腐食性を高めた溶液の使用や試験時の温度上昇など、金属腐食を加速させて行う試験なので、試験結果を比較的短時間で得ることができます。その一方で、実環境とは異なる金属腐食が起こってしまう可能性もあります。このため、目的に合致した試験方法を選定する必要があります。また、その試験方法の再現性や実環境との相関を考慮しながら進める必要があります。

促進試験の1つとして、試験槽内で塩水噴霧、乾燥、湿潤などの腐食サイクルを自由に組み合わせた複合サイクル試験があります。英語では、Cyclic Corrosion Testと呼び、頭文字をとってCCTと略されます。複合サイクル試験は、塩水などの溶液噴霧・湿潤・乾燥の試験サイクルの組合せによって、実環境に近い金属腐食評価を行うことができます。そのため、大気腐食を促進させた、実環境との相関に優れた耐食性試験が可能です。複合サイクル試験は、実環境模擬試験とも呼ばれ、近年、様々な分野で金属材料の寿命推定に用いられます。

その他の促進試験として、浸漬腐食試験、塩水噴霧試験、孔食や応力腐食割れ、脱亜鉛腐食などの特定の金属材料を対象とした試験が挙げられます。

溶液による金属材料の耐食性を評価する最も一般的な腐食試験法として、浸漬腐食試験があります。浸漬腐食試験は、対象とする金属材料を溶液に浸漬させて浸漬試験前後での外観や重量変化から、金属材料の耐食性を評価する方法です。浸漬腐食試験を行う上での注意点としては、試験片の表面積と溶液量との比率、試験片の保持方法、溶液の撹拌などがあります。

要点BOX
- 実環境より過酷な条件で実施
- 実環境との相関の考慮が必要
- 腐食サイクルを組み合わせた複合サイクル試験

促進試験の特徴

	促進試験:腐食因子を用いた過酷な条件で試験
メリット	試験結果が比較的短時間で得られる
デメリット	実環境と異なる金属腐食が起こってしまう可能性

複合サイクル試験

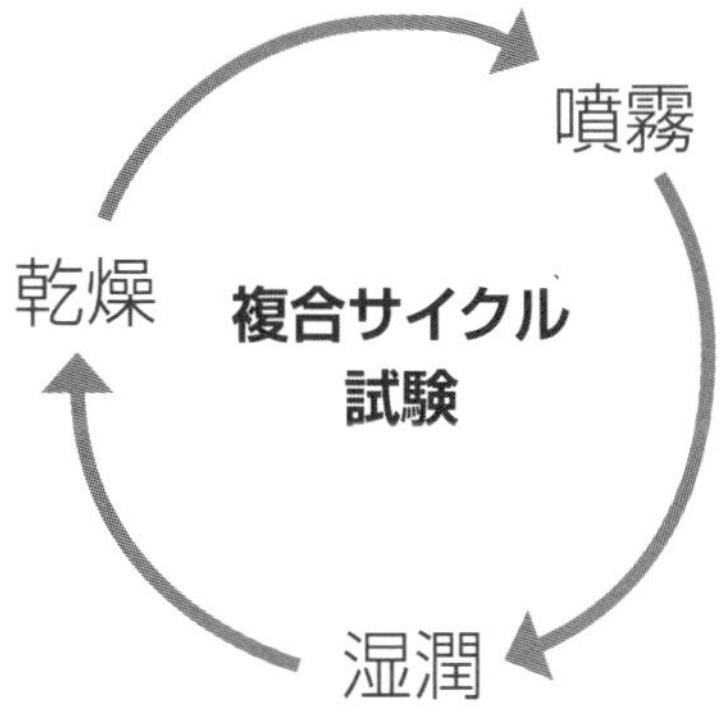

・実環境に近い評価が可能
・実環境との相関に優れる

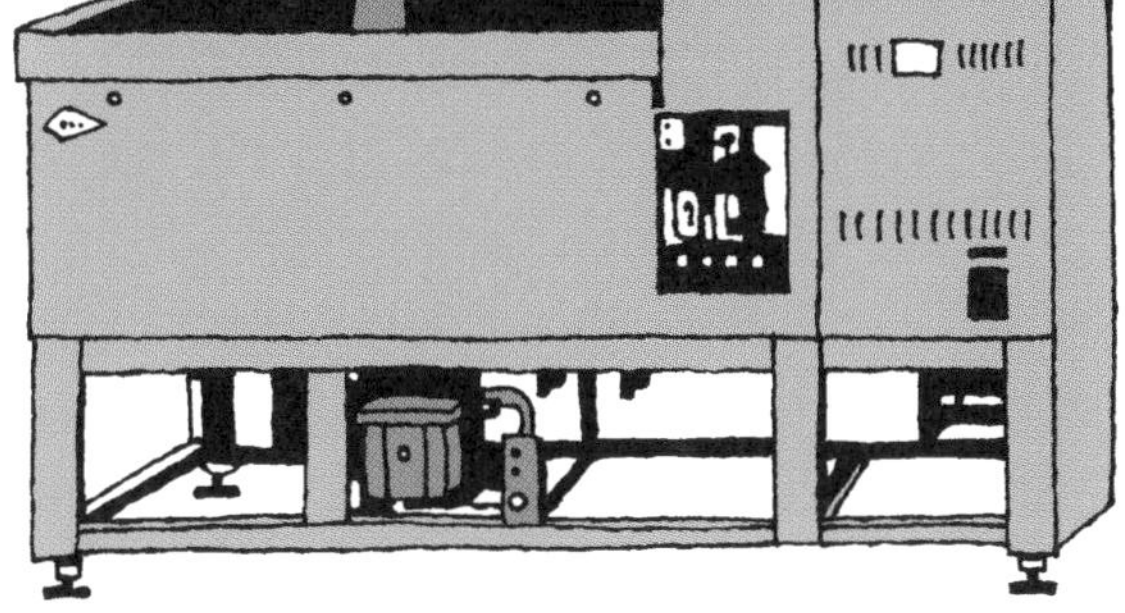

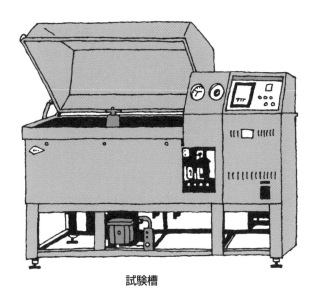

試験槽

58 塩水噴霧試験

最も汎用的な促進試験

　塩水噴霧試験は、試験装置内に試験片を設置し、塩化ナトリウム水溶液を噴霧し、霧状の塩化ナトリウム水溶液を試験片に付着させて、金属材料の耐食性や防食性を評価する促進試験です。塩水噴霧試験は、促進試験の中でも最も多く行われている、汎用的な促進試験と言われています。塩水噴霧試験は英語では、Salt Spray Testと表現されます。塩水が使用される理由として、金属材料の大気腐食の要因の1つが塩であることのようです。

　塩水噴霧試験は、日本産業規格にて規定されており、中性塩水噴霧試験、酢酸酸性塩水噴霧試験、キャス試験の3種類の方法があります。中性塩水噴霧試験は、塩水噴霧試験装置を使用して、中性の塩化ナトリウム溶液を噴霧した雰囲気で耐食性を調べる試験です。具体的には、試験槽内温度35℃±2℃で、pH6・5~7・2の濃度が50g／L ±5g／Lの塩溶液を約20°に傾斜させた試験片に噴霧して耐食性を評価します。この試験方法は、めっきなどの表面処理品はじめ一般材料の耐食性試験としても多く採用されています

　酢酸酸性塩水噴霧試験は、塩水噴霧試験装置を使用して、酢酸を添加した酸性の塩化ナトリウム溶液を噴霧した雰囲気において耐食性を調べる促進試験です。具体的には、塩溶液に酢酸を加えて、採取した噴霧液のpHが3・1~3・3となる試験液を用います。工業地帯や酸性雨の屋外暴露をモデル化したもので、屋外で使用するめっき製品の評価に使用します。

　キャス試験は、酢酸酸性塩水噴霧試験液に、銅イオンを加えて酸化力を高めると共に、試験槽温度50℃±2℃で、めっき皮膜の腐食をさらに促進させる促進試験です。この試験方法は、自動車部品など厳しい腐食環境下で使用される金属製品の評価に適用されています。

要点BOX
- ●中性塩化ナトリウム溶液の中性塩水噴霧試験
- ●酸性塩化ナトリウム溶液の酢酸酸性塩水噴霧試験
- ●銅イオンを加えて酸化力を高めたキャス試験

塩水噴霧試験の種類と特徴

	試験条件	特徴
中性塩水噴霧試験	試験槽内温度:35 ℃±2℃ 噴霧溶液:5%NaCl、pH6.5～7.2	めっきなどの表面処理品など、一般材料の耐食性試験
酢酸酸性塩水噴霧試験	試験槽内温度:35 ℃±2℃ 噴霧溶液:5%NaCl+酢酸、pH3.1～3.3	腐食性の強い屋外環境で使用されるめっき製品の評価
キャス試験	試験槽内温度:50℃±2℃ 噴霧溶液:5%NaCl+酢酸+塩化銅二水和物、pH3.1～3.3	自動車部品など厳しい腐食環境下で使用される金属製品の評価

（JISZ2371:2015）

塩水噴霧試験装置

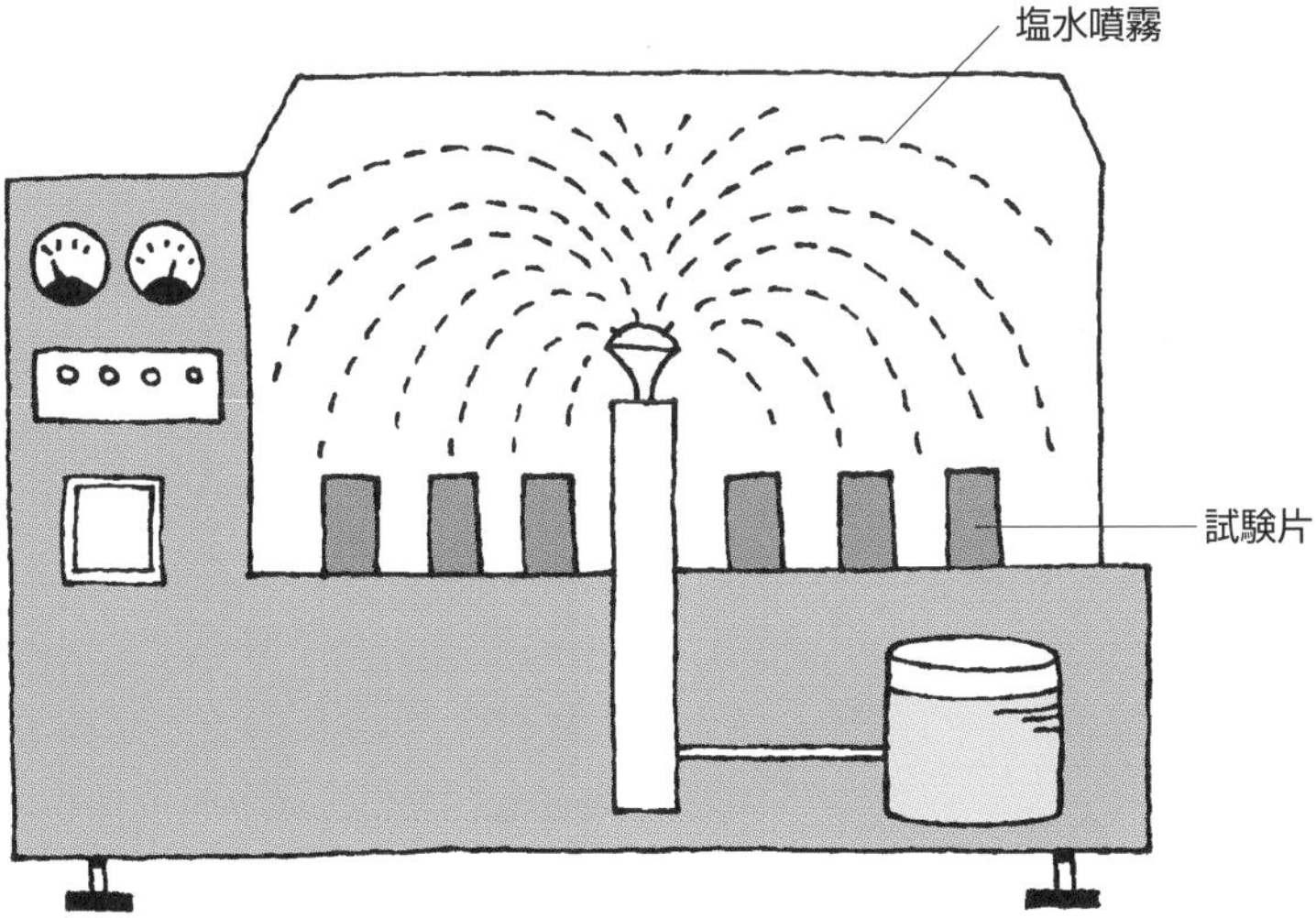

59 応力腐食割れ試験

引張応力を負荷して腐食環境に暴露

応力腐食割れは、外部からの引張応力、もしくは引張残留応力が負荷された金属材料が特定の腐食環境に曝された場合に割れが発生する局部腐食です。応力腐食割れは、オーステナイト系ステンレス鋼やアルミニウム合金、銅合金などで発生します。

応力腐食割れの促進試験である応力腐食割れ試験は、外部から引張応力を負荷した金属材料を特定の腐食環境に暴露して行われます。応力腐食割れ試験結果は、応力腐食割れの発生有無や、応力腐食割れによる金属材料の破断までの時間の大小によって、その感受性を評価します。

応力腐食割れ試験を行う上で、腐食環境の設定や試験片採取方向、応力負荷方法などの試験条件の設定が重要となります。試験に使用する溶液や暴露方法などの腐食環境は、金属材料によって異なります。具体的には、ステンレス鋼では塩化マグネシウム溶液への浸漬、アルミニウム合金では塩化ナトリウム溶液への浸漬や塩化ナトリウムとクロム酸ナトリウムの混合溶液への交互浸漬、銅合金ではアンモニア雰囲気への暴露が使用されます。

応力腐食割れ感受性は、金属組織によって異なることが知られています。そのため、応力腐食割れ試験に使用する試験片は、元材からの試験片の採取方向、例えば、圧延材の場合は圧延方向を考慮して切出す必要があります。

応力負荷方法は、単純引張による定荷重試験、3点曲げ法や4点曲げ法、Uベンド法、Cリング法などの定歪試験などがあります。その他の試験方法として低歪速度引張試験があり、Slow Strain Rate Techniqueの頭文字からSSRT試験とも呼ばれます。この試験方法は、腐食環境下で材料を低歪速度で引張ながら腐食環境に暴露するというものです。その特徴として、比較的短時間で応力腐食割れ感受性を評価できるという点があります。

要点BOX

- 割れの発生有無や破断までの時間で評価
- 試験条件の設定が重要
- 低歪速度で引張ながら暴露するSSRT試験

応力負荷方法

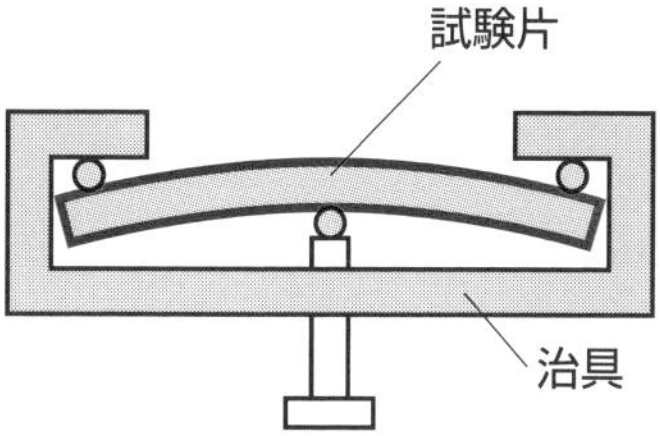

3点曲げ法

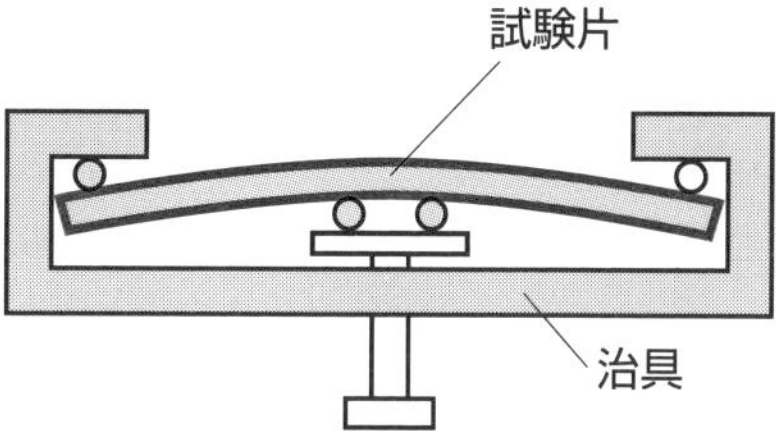

4点曲げ法

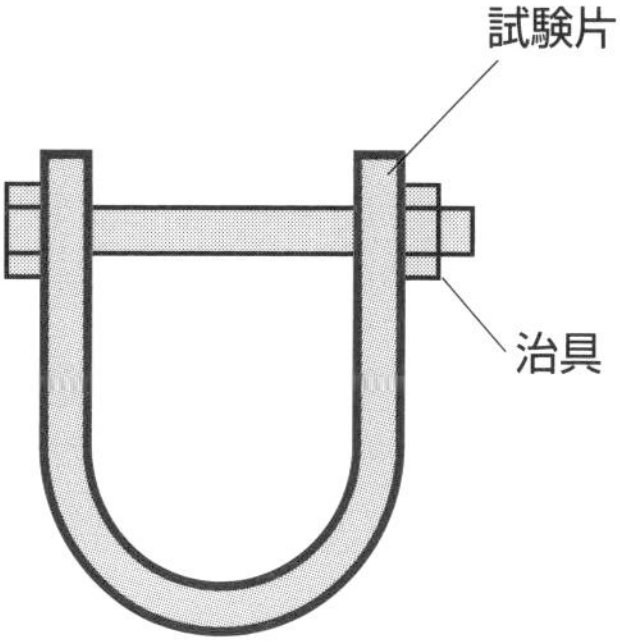

U ベント法

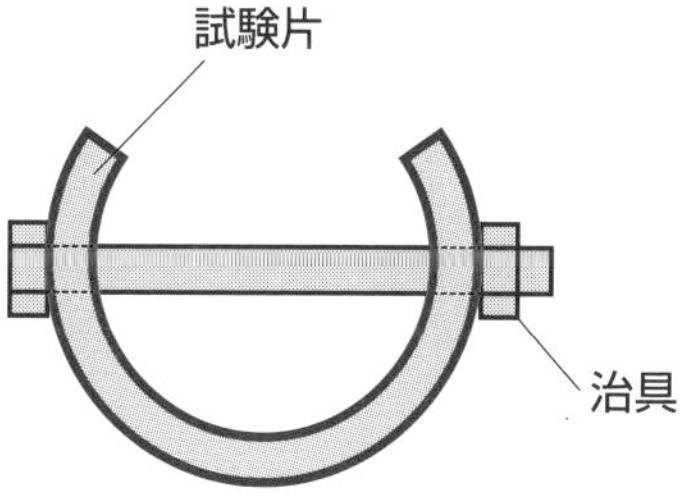

C リング法

圧延方向と試験片採取方向

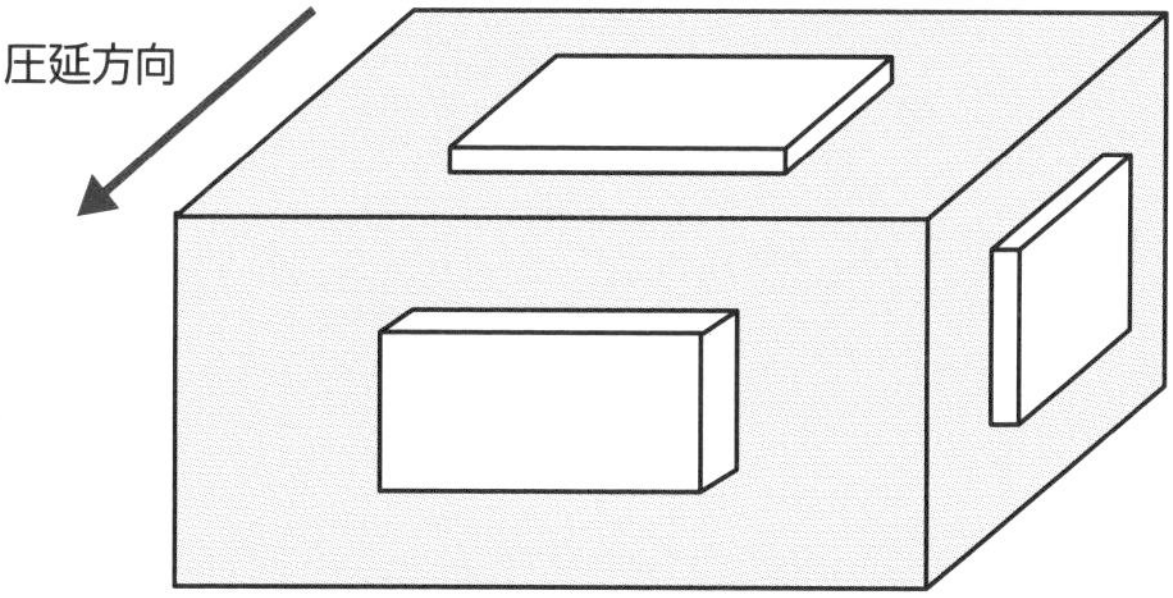

60 電気化学試験

金属材料の電気化学反応を計測

金属腐食は、電子の移動を伴う電気化学反応なので、電気化学試験によって化学反応を電気的に計測すれば金属腐食のしやすさなどの情報を得ることができます。電気化学試験は、実環境試験やその他の促進試験と比較して短時間で結果が得られます。具体的には、実環境試験では1~20年ほどかかりますが、電気化学試験では5~10分ほどの短時間で測定できる促進試験です。

代表的な電気化学試験として、金属材料を浸漬させた状態で電位・電流を計測する腐食電位測定法と、金属材料に電位を外部から印加して、その際の応答として得られる電流を計測する分極試験法の2つが挙げられます。

腐食電位測定法は、金属材料を溶液中に浸漬して、電位測定時の基準電極である参照電極を基準にして、金属材料の電位を測定する電気化学試験です。腐食電位測定法は、異種金属接触腐食や防食処理の評価に有効な測定方法です。

腐食電位測定法に対して分極試験法は、ポテンショスタットにより電位を印加した際の電流を測定して、電位-電流曲線を測定する電気化学試験です。分極試験法では、応答電流を印加電位でプロットして分極特性を測定します。一般的には、電流の対数値を電位に対して片対数グラフ上にプロットします。このプロットを分極曲線と呼びます。腐食電位測定法によって得られる分極曲線は、使用する溶液の組成と金属材料の種類によって変化します。

分極試験法では、不働態皮膜の評価であるアノード分極曲線測定や、局部腐食の1つである孔食が発生する電位測定、すき間腐食感受性の相対比較が可能です。具体的には、日本産業規格にて「ステンレス鋼の孔食電位測定方法」があります。

要点BOX

- ●短時間で結果が得られる
- ●参照電極を基準に電位測定する腐食電位測定法
- ●電位-電流曲線を測定する分極試験法

腐食電位測定法

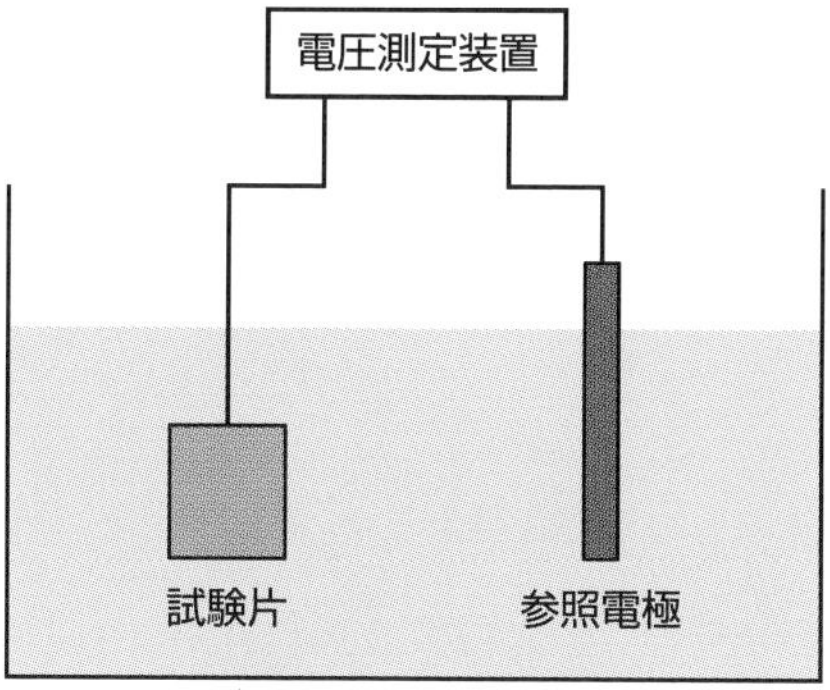

分極試験法

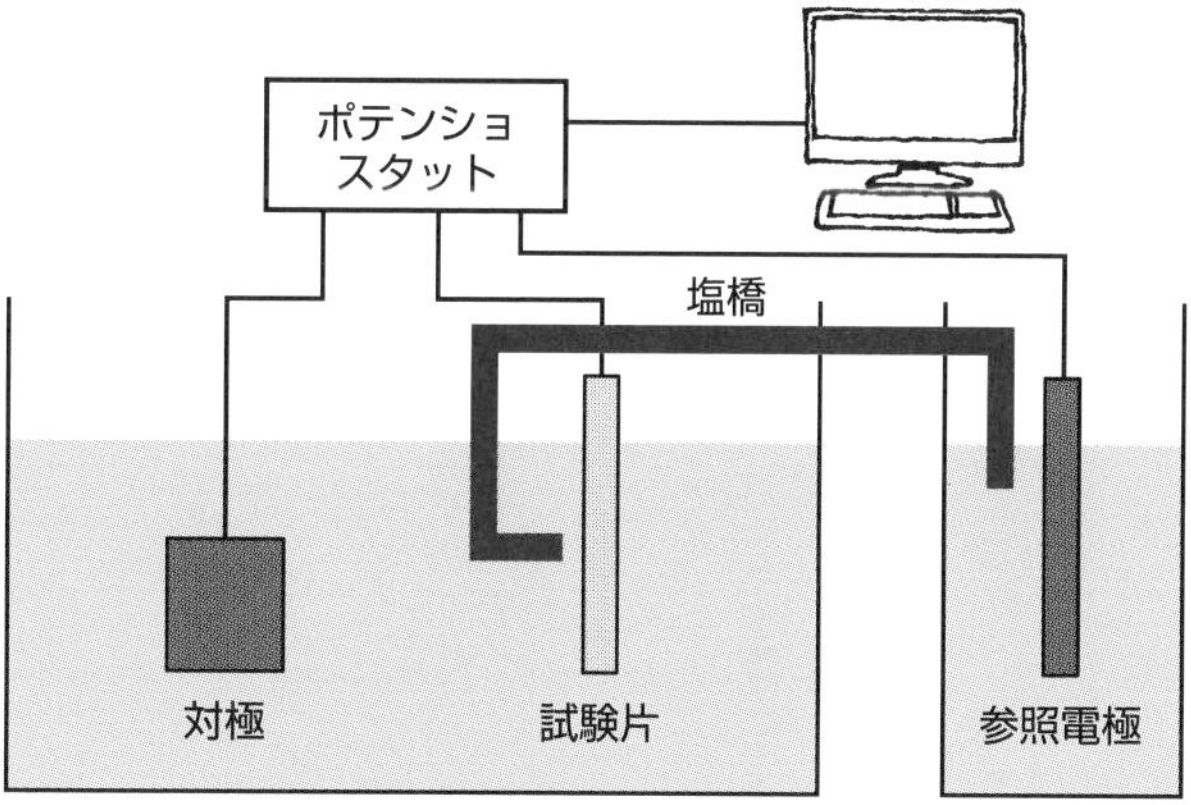

アノード分極曲線(例)

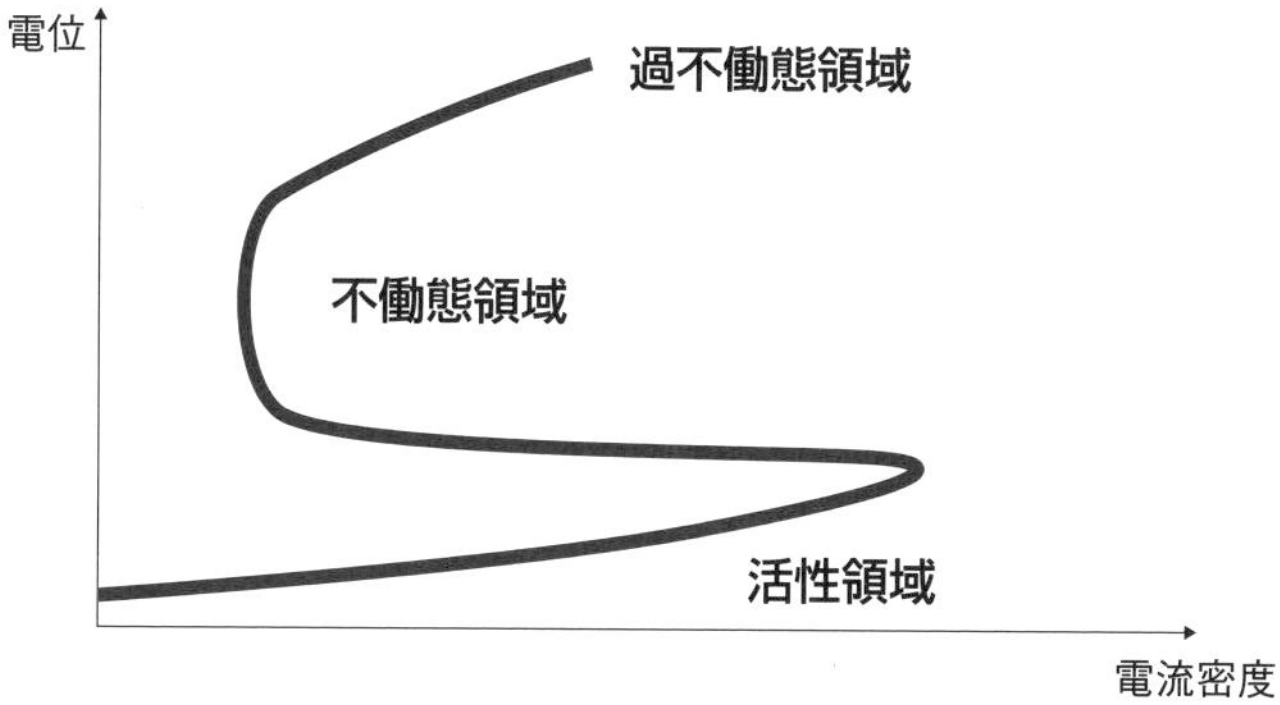

61 金属腐食の分析

原因究明と腐食試験結果の確認

金属腐食は重大な問題となり得ますので、金属腐食が発生した際は、その原因究明の目的で腐食発生部を分析することが重要です。また、金属材料の耐食性や防食性を評価する腐食試験においても、想定された試験結果と一致したかどうかの比較など、一般的に腐食試験後の試験片の分析も行われます。このように、金属腐食の原因究明や腐食試験結果の確認を目的に金属腐食の分析が行われます。

金属腐食の分析は、一般的に、①金属腐食発生位置の特定、②腐食発生部の外観観察、③金属腐食部の切出し、④金属腐食部の詳細分析、の順で行われます。

金属腐食が発生した場合、最初に金属腐食発生部の位置確認を行います。金属腐食が構造物や設備の特定位置に発生しているかどうか、構造物や設備が曝されている環境など、まずは金属腐食が発生した現地の情報収集を行います。次に、実際に金属腐食が発生した箇所の外観、例えば、色や状態など正常部との比較観察を行います。その際に、必要に応じてルーペなどの拡大鏡を使用します。その後、金属腐食部を詳細分析するために、金属腐食部を切出します。切出しの際は、金属腐食部に影響を与えないように注意する必要があります。切出した金属腐食部は、顕微鏡を使って詳細を観察し、腐食生成物の状態を確認します。必要に応じて、金属腐食部を加工して金属腐食の進行状態を確認します。これらの金属腐食部の観察には、顕微鏡やデジタルマイクロスコープを使用します。さらに高倍率で対象物を観察する際には、電子顕微鏡が用いられます。電子線を対象物に当てて拡大する顕微鏡で、その倍率は約2000倍～100万倍になります。必要に応じて、X線回折による腐食生成物の同定や、電子線マイクロアナライザーなどにより腐食部断面の元素分析を行う場合もあります。

要点BOX

- 金属腐食発生位置の特定
- 腐食発生部の外観観察
- 金属腐食部の詳細分析

金属腐食分析の手順

①金属腐食発生位置の特定
↓
②腐食発生部の外観観察
↓
③金属腐食部の切出し
↓
④金属腐食部の詳細分析

金属腐食部の観察器機

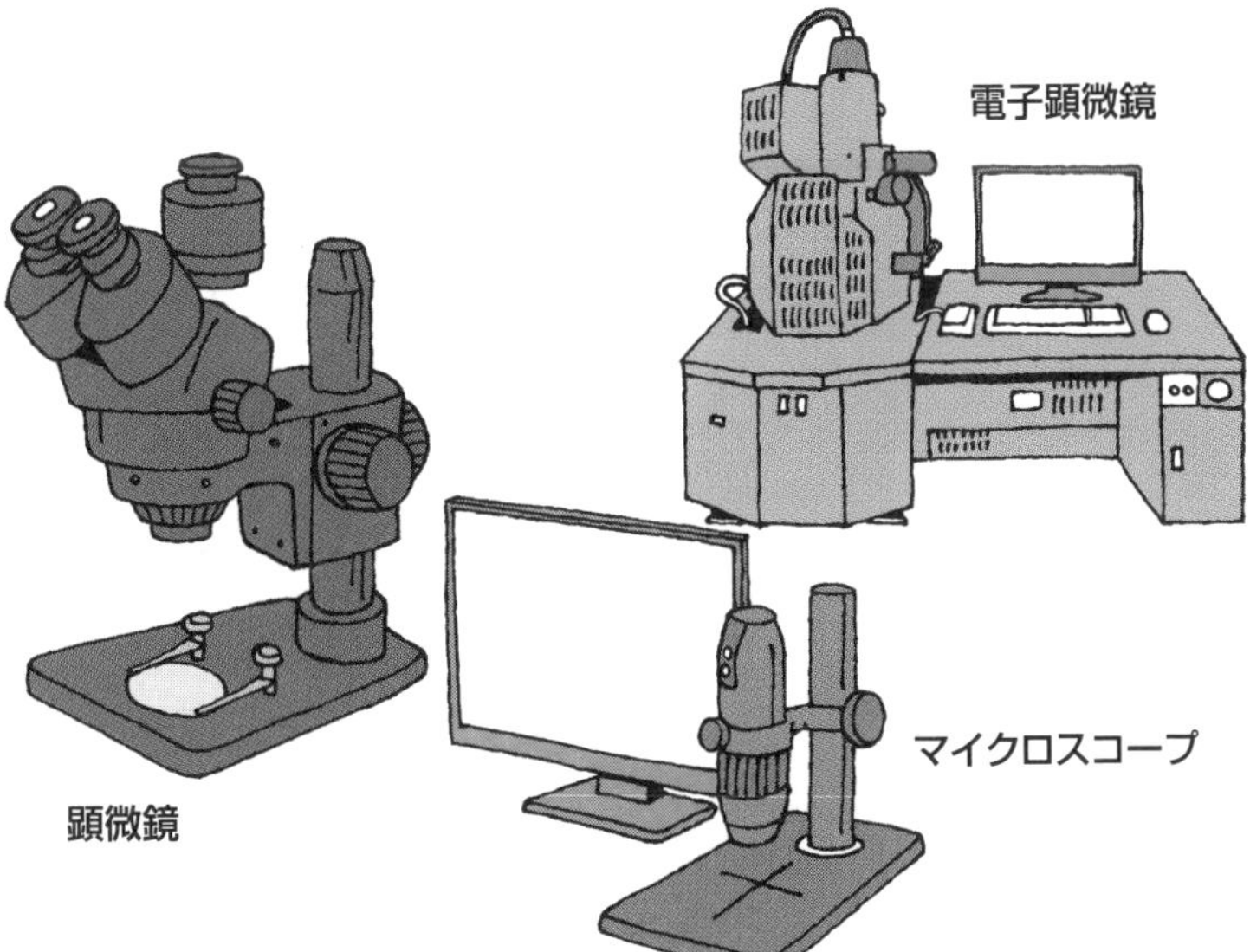

金属腐食部の分析方法

分析方法	目的
X線回折	腐食生成物の特定
電子線マイクロアナライザー	腐食部断面の元素分析・マッピング

Column

永遠の輝き「金」も腐食する!?

金は、銅とともに、人類が早くから手にした金属と言われており、人類との関わりが深い金属です。金は、さびずに光沢を失うことはありませんので、黄金色に光り輝く金は、古代から富と権力を象徴する金属でした。

金は、イオン化傾向が非常に小さく、金属の中で化学的に最も安定した金属です。そのため、金は塩酸や濃硫酸、濃硝酸にも侵されません。そのような金も、ある特定の酸溶液で金属腐食してしまいます。それは、王水です。王水は、濃硝酸と濃塩酸を1対3の体積比で混合させた酸溶液です。

卑金属から貴金属、特に金を製造する術を錬金術と呼び、その錬金術の歴史は古く、その過程で王水をはじめとした様々な化学薬品が発見されました。

このような錬金術で見出された王水は、都市鉱山と呼ばれる電子部品や装飾品などから金を回収する際に、現在も使用されています。一方で、濃硝酸と濃塩酸を混ぜた王水は強い刺激臭もあり、また排水処理における環境負荷も大きいので、今後はより安全な金の溶解方法の開発が望まれているようです。そのため、環境負荷が少なく、コストメリットのある新たな環境調和型の貴金属回収プロセスに関する研究が進められています。

第9章

金属製品を長持ちさせる

62 金属製品の長寿命化

長持ちさせて永く使い続ける

近年、大型台風やゲリラ豪雨などの異常気象が増加しています。その要因の1つが、二酸化炭素をはじめとした温室効果ガスによる地球温暖化と言われています。温室効果ガスの削減には、これまでの大量生産・大量消費・大量廃棄から脱却し、資源を可能な限り回収して再生・再利用するとともに、「使い捨てから長持ちさせて永く使い続ける」への転換が必要になります。

金属は、自然界に存在する酸化物や硫化物などからなる金属鉱石を人間が製錬して人工的に抽出した物質です。そのため、金属は腐食しさびという形で元の金属鉱石の状態に戻ろうとします。そのような特性から金属製品における金属腐食が発生し、それが製品の使用期限を制限する要素の1つでした。

今後の「使い捨てから、長持ちさせて永く使い続ける」への転換に向けて、金属を使用した金属製品を永く使い続けるには、これまで以上に金属腐食を抑制する新たな技術が必要になってきます。具体的には、①起こり得る金属腐食を精度よく予測する技術、②これまで以上に耐食性に優れた金属材料技術、③これまで以上に金属腐食を抑制する防食技術の3つです。

「起こり得る金属腐食を精度よく予測する技術」が確立されれば、過度な金属腐食が発生する前に、効率的な予防保全を行うことが可能になりますので、金属製品を長持ちさせて永く使い続けることができます。また、「これまで以上に耐食性に優れた金属材料技術」や「これまで以上に金属腐食を抑制する防食技術」が確立されれば、いずれも金属腐食が発生し難くなりますので、金属製品の長寿命化に繋がります。

上記の視点で金属製品を永く使い続けるために、金属腐食を抑制する新たな技術開発が行われています。

要点BOX

- 金属腐食を精度よく予測する技術
- これまで以上に耐食性に優れた金属材料技術
- これまで以上に金属腐食を抑制する防食技術

金属製品を永く使う

従来....

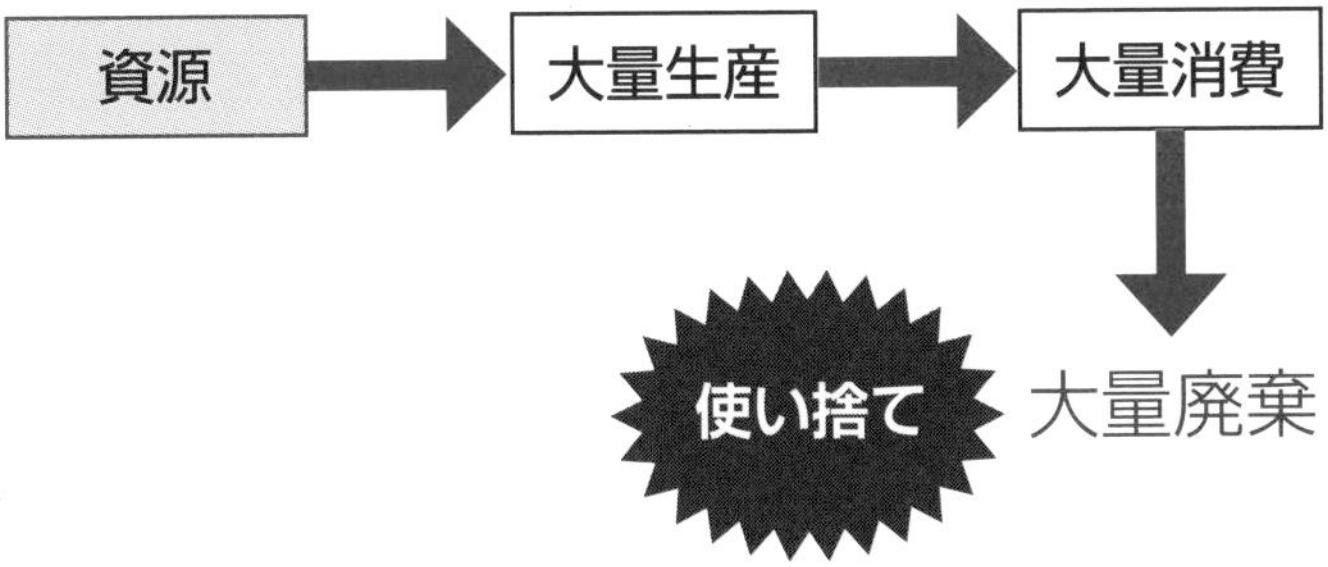

これから....

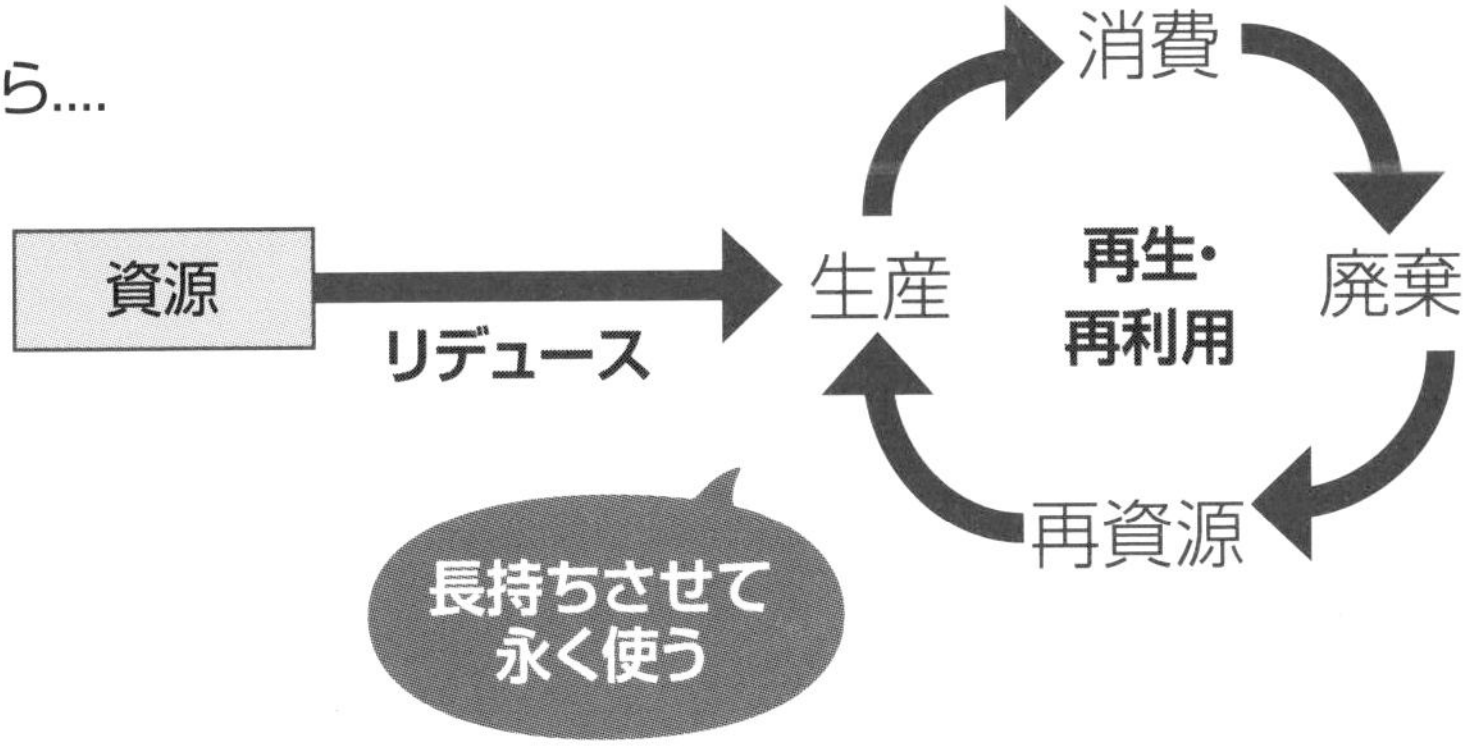

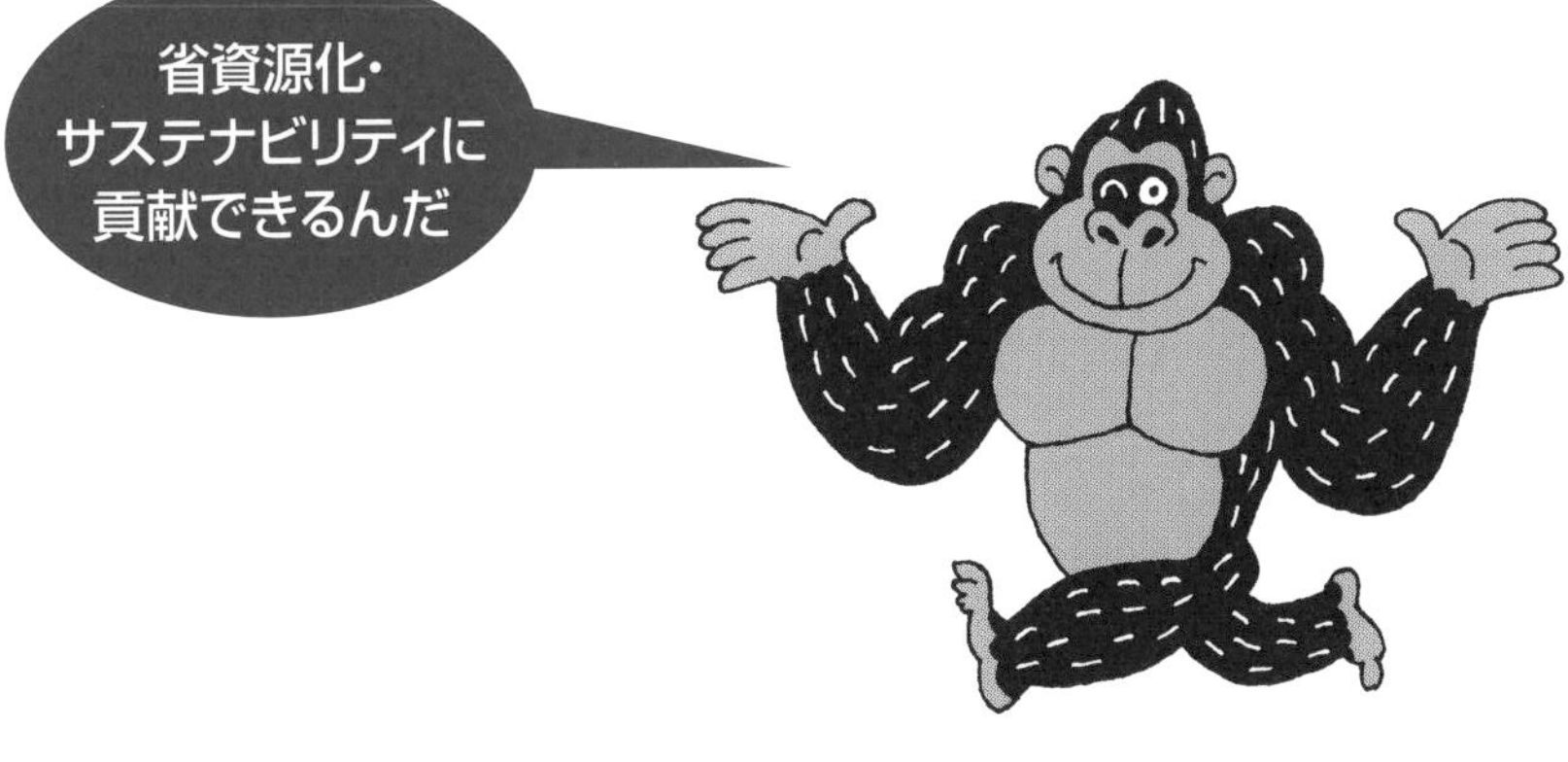

63 腐食の最前線

機械学習で金属腐食を予測する

最近、機械学習という言葉をよく耳にします。機械学習とは、収集した多量のデータから規則性や判断基準を学習し、それに基づいて予測・判断を行う技術のことです。機械学習によって、大量で複雑なデータを人間では対応できないレベルの短時間で処理し、結果を得ることができますので、機械学習は様々な分野で活用され始めています。金属腐食の分野においても例外ではありません。

金属腐食への機械学習適用事例の1つとして、金属腐食の進行具合の予測が挙げられます。日本においては、高度経済成長期に整備された橋梁や道路などのインフラ施設の老朽化が急速に進んでいます。インフラ施設の金属腐食の状態を把握するために、機械学習によって、金属腐食の程度や今後の進行を予測するというものです。これまでは、検査員による点検という方法で金属腐食の状態を判断してきましたが、この方法では経験によるところが多かったようです。また、最近では、検査員不足の課題もあります。これらの課題に対して、金属腐食に機械学習を適用して点検業務の支援ツールに活かそうとしています。

金属腐食への機械学習適用は、上述のインフラ施設以外に、化学プラント配管の金属腐食検査もあります。化学プラント配管の金属腐食は、漏洩などのリスクから、点検に用いる撮影画像に時間と手間がかかっていました。この課題を解決すべく、人の判断を機械学習で支援する外観検査システムを構築し、効率化が図られています。

このように金属腐食に機械学習を適用することによって、従来までの点検業務の負担軽減、定量評価によるばらつきの抑制が期待されます。今後、さらにデータ数を増加することによって、判定基準の精度が向上すれば、金属腐食への機械学習の適用事例がさらに増えていくと期待されます。

要点BOX
- ●金属腐食の分野で機械学習が活躍し始めている
- ●金属腐食の進行具合を機械学習で予測
- ●人の判断を機械学習で支援する外観検査システム

機械学習を金属腐食の分野で活用する

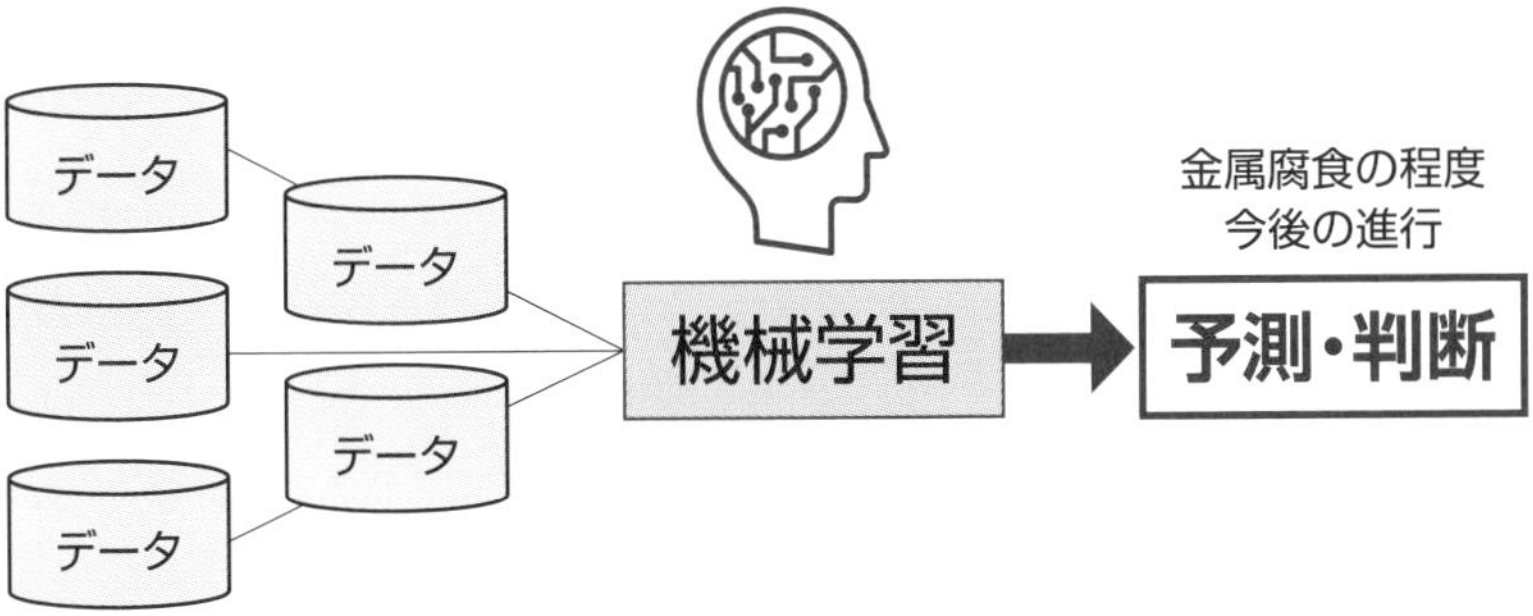

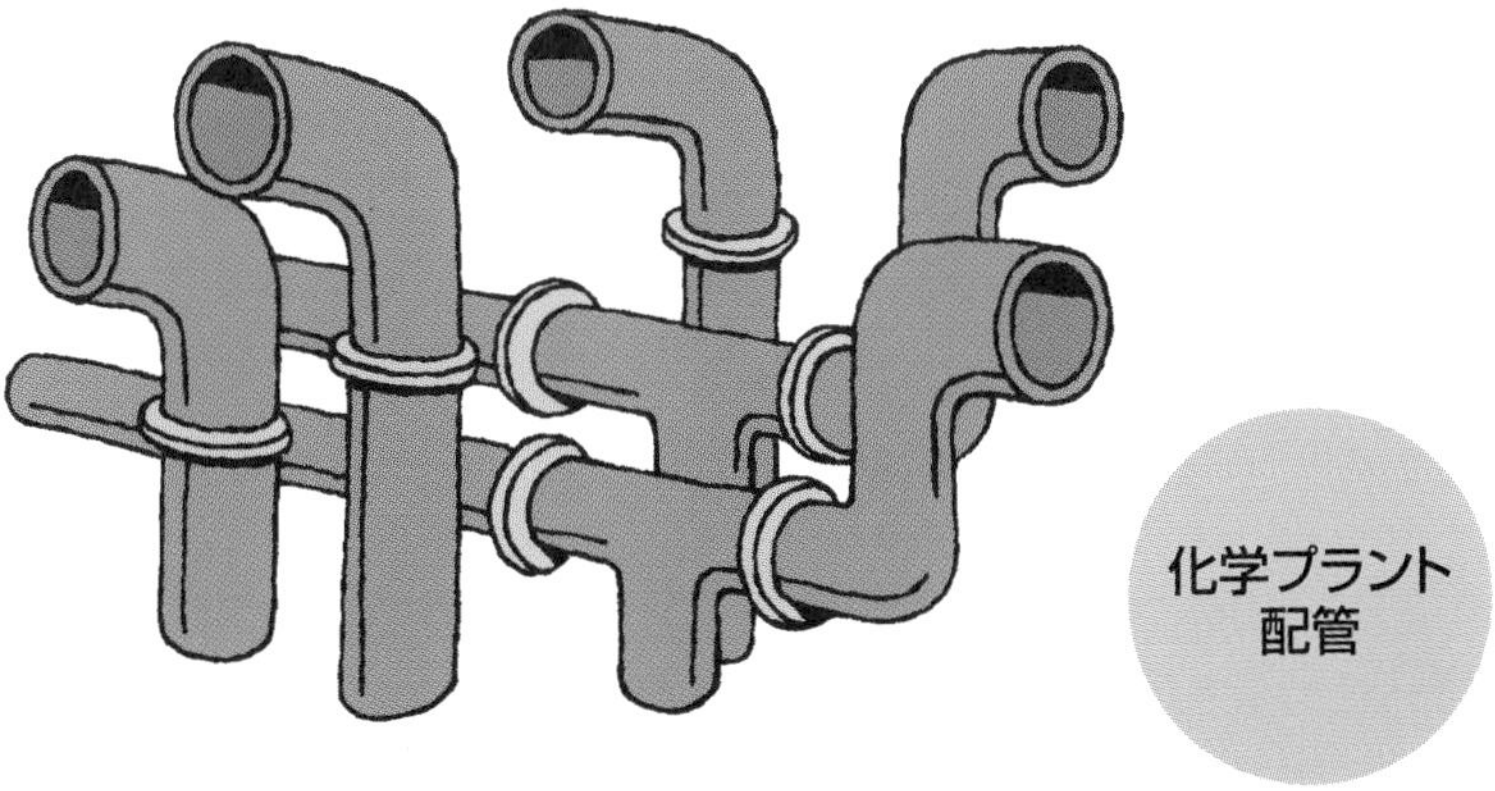

64 耐食の最前線

スーパーステンレス鋼

今後の「使い捨てから、長持ちさせて永く使い続ける」への転換に向けて、これまで以上に耐食性に優れた金属材料技術の1つとして挙げられるのは、スーパーステンレス鋼です。

スーパーステンレス鋼とは、SUS304やSUS316などの従来までの一般的なステンレス鋼と比較して、さらに耐食性を向上させたステンレス鋼のことを示します。具体的には、金属腐食の観点でステンレス鋼の弱点であった、孔食やすき間腐食、応力腐食割れなどに対して優れた耐食性を示す、クロム、ニッケル、モリブデンなどの含有量が高いステンレス鋼です。耐食性のレベルとしては、前述の耐孔食指数が40を超えるものをスーパーステンレス鋼と定義されています。スーパーステンレス鋼の耐食性は、環境によっては、ニッケル基合金に匹敵する特性を有しています。

具体的なスーパーステンレス鋼の種類としては、オーステナイト系ステンレス鋼ではSUS312LやSUS836L、金属組織がオーステナイトとフェライトの混合組織となるオーステナイト・フェライト系ステンレス鋼ではS32750やS32760があります。

スーパーステンレス鋼の用途としては、原油やガス輸送のパイプライン、化学プラント、海水熱交換器、海水ポンプ、海洋構造物などがあります。

スーパーステンレス鋼は、クロム、ニッケル、モリブデンなどの含有量が高いので、一般的なステンレス鋼と比較して材料費が割高になります。そのため、一般ステンレス鋼に比べ初期投資が高くなりますが、その一方で耐食性が良好なので、メンテナンスなどの維持管理費削減や、設備・装置の長寿命化を図ることができます。

今後のさらなる長寿命化に対する社会ニーズの高まりを想定すると、スーパーステンレス鋼の需要が伸びていく可能性があります。

要点BOX
- ●40を超える耐孔食指数
- ●パイプライン、熱交換器・ポンプ、海洋構造物
- ●維持管理費削減や、設備・装置が長寿命化

耐食性に優れたスーパーステンレス鋼

	合金名	合金組成(%)							耐孔食指数
		C	Ni	Cr	Mo	Cu	N	その他	
オーステナイト系	SUS312L	≦0.020	17.50〜19.50	19.00〜21.00	6.00〜7.00	0.50〜1.00	0.16〜0.2	-	43
	SUS836L	≦0.030	24.00〜26.00	19.00〜24.00	5.00〜7.00	-	≦0.25	-	44
オーステナイト・フェライト系	S32750	≦0.030	6.0〜8.0	24.0〜26.0	3.0〜5.0	≦0.50	0.24〜0.32	-	42
	S32760	≦0.030	6.0〜8.0	24.0〜26.0	3.0〜4.0	0.50〜1.00	0.20〜0.30	W:0.50〜1.00	41

65 防食の最前線

亜鉛-アルミニウム合金系めっき鋼板

「これまで以上に金属腐食を抑制する防食技術」の1つとして挙げられるのは、亜鉛-アルミニウム合金めっき鋼板です。

鉄の犠牲防食として亜鉛めっきが施された亜鉛めっき鋼板は、私たちの身の周りで活躍しています。具体的には、亜鉛めっき鋼板は自動車分野や家電、建築材料などに幅広く使用されています。近年、長寿命化とメンテナンスフリーの要望から、従来の亜鉛めっきから、さらに耐食性を向上させた亜鉛-アルミニウム合金系めっきに置き換わってきています。亜鉛-アルミニウム合金系めっき鋼板を大別すると、55%Zn-Al合金めっき鋼板と、Zn-5%Al系合金めっき鋼板の2種類があります。なお、55%Zn-Al合金めっき鋼板のことをガルバリウムと呼びます。

大気腐食環境での55%Zn-Al合金めっき鋼板の耐食性は、純亜鉛めっき鋼板の2〜6倍と言われています。一方、Zn-5%Al系合金めっき鋼板においては、数%のマグネシウムを含有する亜鉛-アルミニウム-マグネシウム合金めっきが開発され、さらに高耐食な特性が得られています。具体的には、時間の経過とともに緻密な保護皮膜が表面に形成され、この保護皮膜がめっき層の腐食進行を抑制します。また、亜鉛-アルミニウム-マグネシウム合金めっき鋼板は、緻密な保護皮膜がめっきの施されていない切断部も覆いますので、優れた耐食性を発揮します。

亜鉛の腐食生成物の抑制や塗装下地処理として、通常、亜鉛めっき上に化成処理が施されています。これまでは、自己補修性と塗料との密着性を有するクロメート処理が施されていました。しかし、有害な6価クロムの溶出の恐れがあると共に、欧州での環境規制に対応すべく、クロメートフリーの化成処理が施された亜鉛めっき鋼板が開発されています。

要点BOX
- ●亜鉛-アルミニウム-マグネシウム合金めっき
- ●保護皮膜がめっき層の腐食進行を抑制
- ●クロメートフリー化成処理

長寿命化とメンテナンスフリー

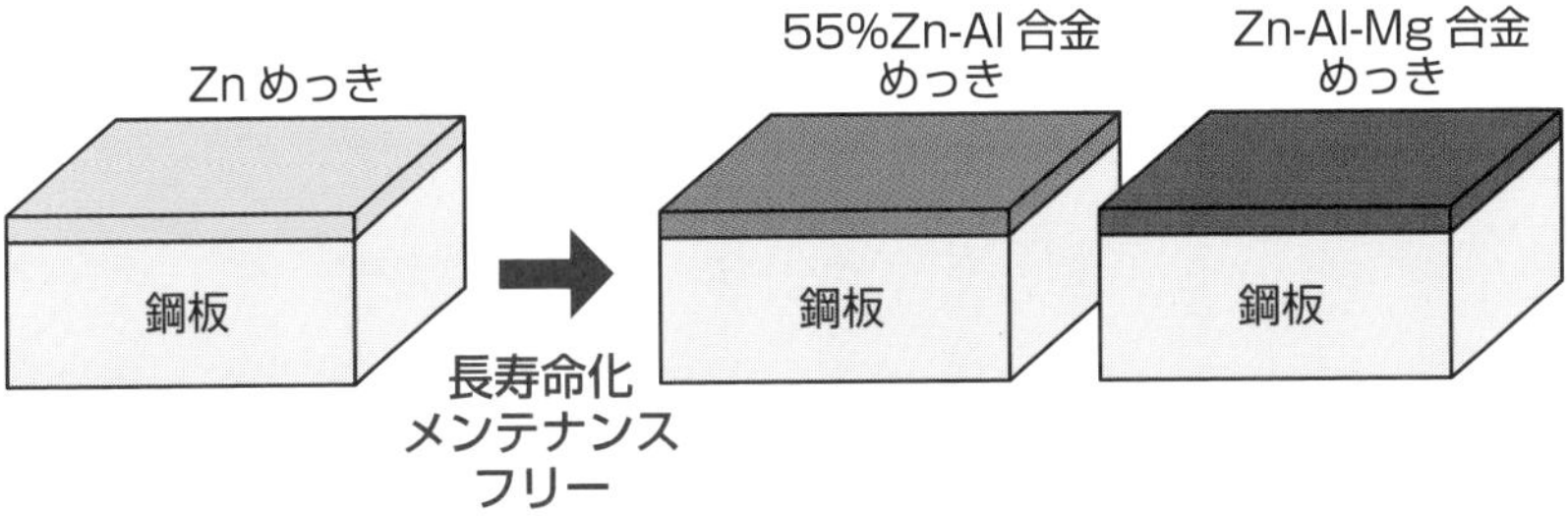

欧州の環境規制対応

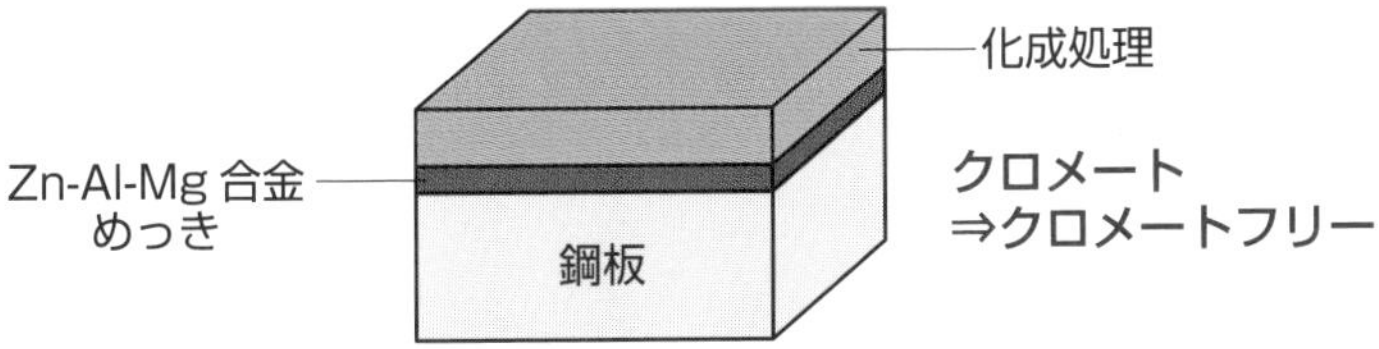

Column

日本の防食技術

2012年5月に開業した東京スカイツリー®は、今や東京のランドマークになっています。東京スカイツリーは、長期間の耐久性と見た目の美しさが求められるので、鉄鋼材料が使用されている外部鉄骨には、長期間鉄骨をさびから守る高い防食性が必要になります。そのため、東京スカイツリーの外部鉄骨には、重防食塗装と呼ばれる、防食性に極めて優れた高耐久性の塗装が採用されました。重防食塗装は、「海岸または海洋上のような厳しい腐食環境に建設される鋼構造物の塗替え周期が10年以上となる性能を有する塗装系をいう」と定義づけられています。

東京スカイツリーの外部鉄骨に施された重防食塗装は、塗膜付着性を強化するためにブラスト処理を施した鉄骨の表面に、防食効果に優れたジンクリッチペイントからなる防食層、エポキシ系樹脂の遮断層、最表面のフッ素樹脂からなる保護層の3層からなっています。このような重防食塗装が施された東京スカイツリーは、美しさを保ちつつ、塗り替え間隔25年の長期耐久性が期待されています。

重防食塗装は、様々な建造物にも使用されています。例えば、ユニークな形状から恐竜橋とも呼ばれている、首都圏最大級の東京ゲートブリッジにも施されており、海からの塩害や紫外線劣化などからの保護に貢献しています。

日本は周囲を海に囲まれた島国です。そのため、各種建造物は海塩粒子などの過酷な環境で鉄鋼材料が使用される場合が多いので、メインテナンスが難しい建造物には今後も重防食塗装による防食技術が活躍していくと思われます。また、環境負荷軽減の観点で、重防食塗装における水性塗料の適用も検討され始めているようです。

索引

英数字

ア

カ

サ

タ

今日からモノ知りシリーズ
トコトンやさしい
金属腐食の本

NDC 563.7

2023年 2月28日 初版1刷発行

発行者 井水 治博
発行所 日刊工業新聞社
東京都中央区日本橋小網町14-1
(郵便番号103-8548)
電話 書籍編集部 03(5644)7490
販売・管理部 03(5644)7410
FAX 03(5644)7400
振替口座 00190-2-186076
URL https://pub.nikkan.co.jp/
e-mail info@media.nikkan.co.jp
印刷・製本 新日本印刷(株)

●DESIGN STAFF
AD──志岐滋行
表紙イラスト──黒崎 玄
本文イラスト──榊原唯幸
ブック・デザイン──矢野貴文
(志岐デザイン事務所)

●
落丁・乱丁本はお取り替えいたします。
2023 Printed in Japan
ISBN 978-4-526-08258-0 C3034

●著者略歴
吉村 泰治(よしむら・やすはる)

●略歴
1968年生まれ
1994年3月 芝浦工業大学大学院工学研究科金属工学専攻 修了
1994年4月 YKK株式会社 入社
2004年9月 東北大学工学研究科博士後期課程材料物性学専攻 修了
2016年4月 YKK株式会社 執行役員 工機技術本部 基盤技術開発部 部長
2021年4月 YKK株式会社 専門役員
博士(工学)、技術士(金属部門)

●著書
『原材料から金属製品ができるまで 図解よくわかる金属加工』日刊工業新聞社、2021年9月
『トコトンやさしい金属材料の本 』日刊工業新聞社、2019年10月
『銅のはなし』技報堂出版、2019年8月
『パパは金属博士!』技報堂出版、2012年4月
「モノづくりを支える金属元素 いろはにほへと」大河出版(『月刊ツールエンジニア』に2021年2月〜隔月連載)
「生活を支える金属 いろはにほへと」大河出版(『月刊ツールエンジニア』に2013年4月〜2019年10月隔月連載)